# 世界的故事

[意]特蕾莎·布翁焦尔诺 著　[意]埃莉萨·帕加内利 绘　曾钰稼 译

## Storie di grandi libri

# 名著的故事

## ——打开世界文学宝库之窗

山东教育出版社　大音广东大音音像出版社

·济南·　·广州·

**图书在版编目（CIP）数据**

名著的故事：打开世界文学宝库之窗 / (意) 特蕾莎·布翁焦尔诺著；(意) 埃莉萨·帕加内利绘；曾钰稼译. — 济南：山东教育出版社，2022.1
（世界的故事）
ISBN 978-7-5701-1748-2

Ⅰ. ①名… Ⅱ. ①特… ②埃… ③曾… Ⅲ. ①名著 - 介绍 - 世界 - 少儿读物 Ⅳ. ①Z835-49

中国版本图书馆CIP数据核字（2021）第127428号

MINGZHU DE GUSHI——DAKAI SHIJIE WENXUE BAOKU ZHI CHUANG
名著的故事——打开世界文学宝库之窗

# 目 录

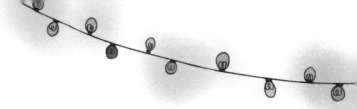

给孩子认识世界的知识宝库

# 《神曲》

[意大利] 但丁·阿利吉耶里
1307—1321年

　　很久以前，意大利有一个叫但丁的小男孩，他的妈妈很早就去世了。小但丁总是自己一个人走出家门，整天孤零零地在城市里闲逛。

　　9岁那年的一天，阳光明媚，小但丁正在河边散步，迎面走来一位穿着红裙子、头戴小花冠的少女。当时，少女径直从但丁面前走过，根本没有注意到他。小但丁还没来得及鼓起勇气打招呼，便与她擦肩而过。从此，小但丁对这位少女念念不忘。这位少女名叫贝亚特。

　　12岁那年，但丁的爸爸让他和一个叫杰玛·多纳蒂的女孩订婚。那时，为孩子们定亲是家中的大事，子女只能听从父母的安排。后来，但丁和杰玛结了婚，心里却总想着贝亚特，但丁甚至愿意像一个古代骑士一样为她而战。但丁和他的朋友圭多[1]以及拉波[2]会谈论关于骑士和冒险之类的话题。但丁也总是谈起贝亚特，以及一种新式的描写爱情的文学形式——"柔美新诗体"[3]。

然而贝亚特已经嫁给了一个银行家，而且在24岁那年就去世了。即便如此，但丁对她的爱依旧。死神并没有将贝亚特从但丁的世界夺走：对但丁来说，她可能只是去了地狱，然后去炼狱，再到天堂。

　　自此，但丁的人生却如同坠入了地狱。但丁当时是佛罗伦萨派遣到罗马的使者，当佛罗伦萨的政治大权旁落之后，他便被当权者流放了。

　　但丁在意大利境内的各个宫廷间漂泊游荡。他在种种境遇的触动下，创作了100首诗歌来描写现实中的这个世界以及另一个世界。在那个想象的世界中，他把自己对贝亚特的爱化作了一种信仰，在这种信仰的指引下，他最终找到了自我，完成了精神上的自我救赎。但丁的这部诗集叫作《神曲》，至今在全世界都广受赞誉。

# 《海的女儿》[4]

[丹麦] 汉斯·克里斯蒂安·安徒生
1837年

如果有一天你去了丹麦的哥本哈根，在这座城市的港口处，你会看到一尊美人鱼的铜像，它矗立在一块礁石上，遥望着大海的方向。

据说，在刮大风的天气里，有人听见铜像在唱歌："为了像陆地上的人类女孩一样拥有两条腿，我喝下了带有魔法的毒药，失去了自己的鱼尾。我还穿上了鞋子，为此我的脚不停地流血。尽管遭受了这一切，但我的舞跳得仍然比其他任何女孩都好。我用舞蹈来表达那些无法诉说的话，因为我已经变成了哑巴——为了爱情，我不仅舍弃了自己的鱼尾，还失去了自己的声音。

"陆地上的王子还爱着我，但他没有娶我，而是和一个人类女子结了婚。那女子和他一样身份尊贵，她是邻国的公主……

"我的人鱼姐妹们拼死游出海面，爬到陆地上来找我。为了救我，她们去了海之女巫那里，用自己的头发和女巫做了交易。女巫给了她们一把匕首，并说，只要我把匕首刺入王子的心脏，我就能变回人鱼。但我不能做对他不利的事，我是那么爱他……

最终，我把匕首扔进了大海，身体化成了泡沫，和天空的女儿一起，在阳光下旋转飞舞……"

100多年前，一名鞋匠的儿子——安徒生写下了这个故事。他创作的童话故事使整个世界都着迷。世界著名电影制片人迪斯尼将这个故事拍成了动画片，他还改编了结尾的部分——小美人鱼最后和王子结婚了。但是原作里面的童话故事告诉我们：在现实生活中，并不是所有事情都能如愿以偿。

# 《我，机器人》[5]

[美国] 艾萨克·阿西莫夫

1950年

一直以来，机器人给人的印象都是叛逆的，它们忍受不了人类的控制，摩拳擦掌地想要发动一场革命。它们时刻准备着杀掉创造出自己的人。

为了避免出现这种情况，阿西莫夫在他笔下的每个机器人体内，都写入了一个基础程序（可以称之为一种"机器人道德感"），用它来阻止机器人伤害人类。

在阿西莫夫设计的机器人世界中，道德法则由三条定律组成。"第一定律"规定，机器人不得伤害人类个体，或者目睹人类个体将遭受危险而袖手旁观；"第二定律"规定，机器人必须服从人类给它下达的命令，当该命令与第一条定律冲突时例外；"第三定律"规定，机器人在不违反第一、第二条定律的情况下，应当尽量保护自己。

此外，还有一条由机器人自己制定的"第零定律"，即机器人不得危害人类整体的利益，也不能看着人类整体利益受到损害而无动于衷。

# 《一千零一夜》[6]

阿拉伯民间故事

6—16世纪

　　《一千零一夜》是古代阿拉伯民间故事集，收集了成百上千个故事。这些故事大部分发生在哈伦·赖世德这位哈里发[7]统治下的巴格达，讲述戴着面纱的女人、能飞的地毯、命途多舛的王子和奸诈商人等故事。

　　故事的主人公是萨珊国（相传位于古代印度和中国之间）的国王山鲁亚尔，他发现妻子背叛了自己便把妻子杀死了，但仍然觉得不能解心头之恨，于是命人每天寻找一名女子，女子与他过一夜后，第二天一早就会被处死。

　　一天，大维齐尔（相当于宰相的大臣）的女儿山鲁佐德也被带进了王宫。进入王宫后，山鲁佐德就开始给国王讲故事，每夜讲到最精彩处，天刚好亮了。为了能继续听故事，国王没有杀死她，允许她下一夜继续讲。她的故事一直讲了一千零一夜，国王终于被感动了，打消了要杀山鲁佐德的念头，并娶她为妻。

　　山鲁佐德讲的故事在全世界名气都很大，比如：《阿拉丁和神灯》《航海家辛巴达》《阿里巴巴和四十大盗》等等。

# 《彼得·潘》

[英国] 詹姆斯·马修·巴里
1911年

晚上睡觉的时候，你或许会看见黑暗中悬浮着一汪池水，颜色很浅。如果你把眼睛眯一眯，那颜色就变得像着了火似的。如果运气好的话，你也许还能看见拍岸的浪花，听见美人鱼的歌声。

这是在去往"梦幻岛"的途中会看到的风景之一。据巴里男爵说，如果你刚好在进入梦乡前的那一刻睁开眼的话，就会看到一个叫彼得·潘的小男孩，他会教你飞行，然后带着你飞向奇异的"梦幻岛"。但你一定要确保你的妈妈会留着窗户等你回家。彼得·潘就是因为他妈妈关上了窗户，

只能永远留在了"梦幻岛"。而温迪的妈妈却留着窗户，因为她确信自己的孩子们是跟着彼得·潘飞走了。她是怎么知道的呢？因为她看到家里的狗保姆嘴里叼着彼得·潘的影子，更因为她自己在还是个小女孩的时候，就和彼得·潘是好朋友了。

　　在"梦幻岛"惊险刺激的旅程中，孩子们遇到了凶猛的动物、可怕的海盗，还有温柔的小精灵，以及那些走失的孩子们。其间，在彼得·潘的带领下，大家还勇敢地和海盗船长胡克展开了一场生死决战。后来，温迪想妈妈了，就决定回家，还带回了那些跟着彼得·潘走丢了的孩子。只有彼得·潘害怕长大，不愿意回家。

　　回到家后，孩子们躺回到自己的床上，安安稳稳地长大成人。此后，温迪的女儿简，还有简的女儿也都跟着彼得·潘飞走过。据说，只要孩子们是天真的、无忧无虑的，他们就可以飞到"梦幻岛"去。孩子们，今晚建议你们都早早睡觉，看看在梦中能否见到那个可爱又淘气的彼得·潘。

# 《五日谈》

[意大利] 吉姆巴地斯达·巴西耳
1634年

　　400 多年前，当有权有势的男人们在西班牙潮流的影响下，忙着换上圆圆的、有褶痕并且被浆得硬邦邦的衣领时，在意大利的那不勒斯，有位年轻人摩拳擦掌想要开创一番事业。他加入了威尼斯的海军军队，当时的威尼斯还是一个强大的海上共和国。这位年轻小伙子叫吉姆巴地斯达·巴西耳，随后他便被派去坎迪亚服役。那是亚得里亚海中的一个岛屿，如今叫作克里特岛。在那里，巴西耳轻而易举地进入了怪人学社（当地文学团体），并经常与一些学问广博的人以及贵族阶层来往，与他们玩一些文字游戏。他们一起猜画谜、字谜和短谜语，玩移位构词游戏，还会编写故事。

　　巴西耳对编故事特别在行，他是所有人中有最多稀奇古怪想法的一个。因为他从小就从家里长辈的口中听说过很多故事，他把这些内容从记忆中重新找了出来，用那不勒斯方言讲给别人听。他回到那不勒斯后，在不同的省担任行政长官，此时的他也没有将这件事置之脑后，而是将收集到的 50 个故事编成了一本书，借 10 位老人之口，分 5 天把所有故事讲完。这是受了乔瓦尼·薄伽丘（文艺复兴时期意大利作家）的启发。薄伽丘创作的《十日谈》是欧洲文学史上第一部现实主义小说，讲述了一群年轻人为了躲避黑死病逃出城市后发生的事情。他们聚集在城外，在 10 天中讲完了 100 个故事。

巴西耳的《五日谈》是欧洲第一部童话集。当中很多故事是当今著名童话的古老版本，如《灰姑娘》《睡美人》《穿靴子的猫》《长发姑娘》都源自此书。

巴西耳去世两年后，即 1634 年，这本书才得以出版。法国作家夏尔·佩罗（他创作的《灰姑娘》最为流行）那一年才刚 6 岁。1924 年，巴西耳的这本书被大哲学家贝内代托·克罗切翻译成了标准意大利语，为了致敬薄伽丘，克罗切给书取名为《五日谈》。

# 《绿野仙踪》

[美国] 莱曼·弗兰克·鲍姆

1900年

　　我们的主人公是个小女孩,她叫多萝茜。自从父母去世后,她就和叔叔一家住在美国堪萨斯州。他们住在一间小木屋里,屋子里有一架生锈的炉子、两张床、一张桌子和三把椅子,家里唯一值点儿钱的,是一个为了躲避龙卷风挖的地窖。叔叔恩里科脸上的胡子是灰色的,脚上的靴子是灰色的,婶婶艾玛看起来也是灰扑扑的,就像他们灰色的家一样。就连木屋周围一望无际的草原都是灰白色的,小草在阳光下暴晒,土地干燥无比,布满了裂纹。但是多萝茜可不是灰色的,她心中满是喜悦,笑起来总是那么快乐,因为有一只叫多多的小黑狗一直陪着她。

　　有一天,突然刮起了龙卷风,为了救小狗多多,多萝茜没来得及躲进地窖里,龙卷风把她和多多连带她们的小木屋都刮上了天。她们被龙卷风刮得晕头转向,最后降落在了一个美丽的国度,那里到处盛开着五颜六色的花,显得小木屋很破旧。尽管如此,在多萝茜心里,小木屋还是最美丽的,因为这才是自己的家。此时的多萝茜只想回到叔叔和婶婶身边。

这时，有个好心人告诉多萝茜，只有奥兹的魔法才能让她找到回家的路。于是，多萝茜带着多多出发去寻找奥兹。在路上，她遇到了一个稻草人，它在找寻头脑；还有一个铁皮人，它是樵夫，想要寻找一颗真正的心；还遇到了一只胆小的狮子，它想寻找勇气。她们结伴而行，路上碰到了会飞的猴子、会说话的树、善良的女巫以及邪恶的女巫。最后她们到达了伟大的奥兹居住的城市——翡翠城。到了那儿，多萝茜发现回家这件事儿没有那么容易办到，但历尽千辛万苦，最终她还是成功找到了回家的路……

# 《汤姆叔叔的小屋》

[美国] 哈丽雅特·比彻·斯托

1852年

在美国，曾经有很多奴隶，现在已经没有了。在美国南北战争爆发之前，这些奴隶生活在美国南部地区，他们主要在种植园劳作。奴隶的生死大权掌握在奴隶主的手中，但是如果足够幸运，有的奴隶会遇到一个心地善良的主人，过上还算体面的生活。

汤姆叔叔就是如此，他的主人谢尔比夫妇将管理田地的任务交给了他。不幸的是，在好几年收成不好的情况下，谢尔比已经还不起他欠的债了。他们不得已决定卖掉汤姆，不仅如此，还要加上小哈里。

小哈里是个 5 岁的小男孩，是一对白人与黑人夫妇的混血孩子，父母都是奴隶。孩子的母亲伊莱扎不愿顺从主人，便带着小哈里逃走了。他们跑着跑着，被一条河挡住了去路，伊莱扎抱着小哈里跳到河中的冰块上，顺着水流的方向一路漂流。最终，她和孩子到达了当时的加拿大省，途中遇到了孩子的父亲，至此他们都获得了自由。

但是，汤姆叔叔却留了下来，他知道只有卖了自己，主人才能保住财产，他也愿意帮助主人渡过难关。奴隶贩子黑利是个残忍的家伙，他在押送途中给汤姆戴上了脚链。

当他们搭乘密西西比河上的轮船时，汤姆叔叔救了一个小女孩的性命，她叫伊娃。女孩的父亲买下了汤姆叔叔，改变了他的悲惨处境。当女孩的父亲知道了汤姆叔叔的故事之后，他承诺会给汤姆自由。但他还没来得及兑现诺言，就因为介入一场争斗而被人刺死。

汤姆叔叔又被卖掉了，他被凶狠、残暴的种植园主买去，从事繁重的体力劳动，还经常挨打。最后，当谢尔比夫妇的儿子拿着钱赎回汤姆时，他已经时日不多了。

这部小说向全世界展现了奴隶们的真实处境，为美国的南北战争吹响了冲锋号。

# 《小鼻子》

[巴西] 蒙太罗·洛巴托
1931年

巴西的著名景点有面包山，还有山旁边的耶稣基督像，它面对着面包山张开双臂，俯视着里约热内卢港。巴西人每年都会举办狂欢节，他们几乎人人都会跳桑巴舞。

当地有一座小农场叫"黄啄木鸟农场"，和别的农场没有多大区别。露琪娅就生活在这儿，她是个7岁的小女孩，有着乌黑的头发，还长着一个朝天鼻，因此人们都叫她"小鼻子"。

小鼻子和奶奶贝内代塔、阿姨阿纳斯塔西娅——一位从小照顾她的黑人保姆生活在一起。小鼻子还有一个布娃娃，名字叫埃米莉亚。这娃娃本来是个哑巴，后来蜗牛医生让她吞下一片医治"不会说话病"的药丸，她居然开口说话了。

小鼻子的表弟皮耶里诺时不时会来农场里玩。在菜园的尽头，表姐弟俩一起经历了各种奇幻的冒险。那儿流淌着一条小河，一直通往一个叫"清水国"的地方，里面有一座珊瑚建成的宫殿。宫殿的门前由"抓住就不放手"的蟾蜍守卫着，它的报酬是每天有100只苍蝇吃。

王国里来了很多童话书中的人物，有小拇指、小红帽、白雪公主，甚至还有堂吉诃德。他厌倦了只能在书中了解很久以前的故事、传说的生活，于是来到这里寻求新的冒险。有一天，来了一只叫费利克斯的猫，它说自己是那只穿靴子的猫的后代，还说它的曾祖父是乘着哥伦布帆船队里一艘叫作"圣玛利亚号"的船来到美洲的。

为孩子们写了这个故事的蒙太罗·洛巴托是一位革新者，他一直想将土地分给所有的农民，最后因此被抓进了监狱。他用了整套书中 16 册的篇幅讲述小鼻子的冒险故事，就是为了告诉巴西的孩子们，除了从欧洲引进的格林兄弟、夏尔·佩罗的童话故事书，他们也拥有自己的童话故事，要牢记自己的身份和民族特性。

# 《来自秘鲁的帕丁顿熊》

[英国] 迈克尔·邦德

1958年

　　伦敦是一座奇妙的城市，其中一个原因就是在伦敦可以遇到很多书中的人物，他们就生活在现实世界以外的某个世界。

　　如果你坐火车从帕丁顿站下车，也许会碰到当年布朗家族碰到的场面：在车站的行李存放处有一只小熊，它戴着一顶宽边的帽子，帽子顶端戳了两个洞，正好能把耳朵伸出来。它还穿着一双橡皮长靴，手里的行李箱中橘子果酱滴滴答答地往外流。它的脖子上挂着一个牌子，上面写着："请照顾一下这只可怜的小熊吧。谢谢。"

　　这只小熊来自秘鲁。他原来的名字大家都不知道怎么发音，所以就用这个车站的名字给它起名，叫帕丁顿。书中讲，帕丁顿的姨妈露西隐居在利马（秘鲁的首都）——一个只有熊聚集和生活的地方，而帕丁顿是离开家乡来伦敦寻找新生活的。

　　帕丁顿吃了点东西，恢复了精力后，布朗夫妇把它带回了家。然后，接连不断的麻烦事儿就来了，因为帕丁顿从小被教育怎样像熊一样生活，而不是像小孩子一样生活，所以当大家一起喝茶的时候，它没有像英国人一样坐在椅子上，优雅地用茶杯小口小口地喝，而是想着将茶倒进自己的小盘子里，为此它跳上桌子，大口大口地喝着，声音很大，同时还用熊爪去拿蘸了果酱的牛角包，果酱也溅得到处都是。这还不算什么，更麻烦的事儿还在后面：幸亏没有让它自己洗澡，不然它会弄得整个房子都被水淹了。也不必给它牙膏刷牙，不然你可能会在地板上发现一管被挤得空空如也的牙膏和一幅用牙膏画的南美洲"地图"……

所以说，当你遇到那些想要寻找人类家庭的小熊，在收留它们之前你可要想清楚哦！

# 《小爵爷》[8]

[美国] 弗朗西丝·霍奇森·伯内特
1886年

在19世纪的美国，有一个小朋友叫锡德里克·埃罗尔。他和母亲生活在美国纽约一条僻静的小街上，生活虽不富裕，但却平静安宁。在那里，他有自己的朋友，都是些穷苦人家，有帮人擦皮鞋的，有卖吃食的，还有卖水果的。

某天，锡德里克碰到了一件足以改变他整个人生的大事——在遥远的英国他的爷爷，是一位公爵，而爷爷想要让锡德里克和他一起生活，因为锡德里克是他唯一的孙子——原来自己是一位英国贵族。

锡德里克的父亲在他很小的时候就去世了，一直没有人告诉他的是，他的爷爷早就剥夺了他父亲的继承权，就因为父亲娶了一位没有贵族头衔的普通家庭的女孩。如果你是锡德里克，刚开始你可能会觉得，以后成为一位公爵没什么不好的（在当时的英国，爵位可以继承），爷爷会给你寄钱，这样你就能帮助朋友们了。在你的帮助下，那个给别人擦皮鞋的朋友，从此可以开创自己的事业了，那个卖水果的朋友也能照顾自己的丈夫了。

　　然而，当锡德里克和妈妈一起坐船到了英国，他们发现，令人憧憬的贵族生活并没有自己期待的那般美好。最让他难过的是，由于爷爷对妈妈的偏见，妈妈不能和自己一起住在爷爷的城堡里，而是一个人住在不远处的房子里。每天晚上，透过自己房间的窗户，锡德里克都能看见妈妈住的那栋房子里的灯光，那是妈妈每天晚上为他留的——就是为了跟他说晚安。

　　渐渐地，通过一段时间的相处，锡德里克的宽容、爱心和纯真的童心感染了爷爷，而爷爷也发现自己的儿媳妇并不是一个追求金钱的女人。爷爷慢慢地喜欢上了他们，生活对于大家来说变得更美好了。

# 《人猿泰山》

[美国] 埃德加·赖斯·巴勒斯

1914年

　　人们有时候会称非洲为"黑色的"非洲，这么叫不是因为非洲人的皮肤是黑色的，而是因为非洲有着让人寸步难行的森林。100多年前，这片土地上有一个小男孩，猿猴们都叫他"泰山（Tarzan）"，在猿类的语言中这是"白皮肤"的意思。

　　当年，来自英国的泰山和他父母所乘坐的船在海上沉没了，他们不得不登上这片荒无人烟的海岸。后来，泰山的母亲去世了，父亲也被几只强壮的大猩猩夺去了性命，泰山自己却被一只叫卡拉的母猿救了下来。这只母猿刚失去了自己的孩子，于是它收养了还在襁褓里的泰山。卡拉慢慢地看出了泰山的不一样，但卡拉仍然疼爱他。

　　泰山10岁的时候就知道：大象坦多是朋友，母狮子萨博尔是凶恶的敌人，马努是一只值得尊敬的猕猴。一天，泰山发现了一座木屋，原来这儿正是他父母曾经居住过的地方。泰山在木屋里找到了一本识字书，这本书原本就是父母生前为他准备的，泰山开始自己学着读书。当泰山长到18岁的时候，他在丛

林里遇到了一位名叫简的金发女郎，她是和父亲一起跟随科学考察团来的，她觉得泰山英俊极了。那时泰山早已成为猿类的首领，也知道了自己的身世，是格雷斯托克勋爵的继承人。

在之后的一系列故事中，泰山和简结婚并一起回到了英国。泰山学会了如何在人类社会中生存，但是如果有人欺骗他或者当人类的文明让他感到失望时，他会回到那片丛林里，在那儿，动物们只需要按照自己的天性生活。

# 《爱丽丝梦游仙境》

[英国] 刘易斯·卡罗尔

1865年

爱丽丝是一个英国小女孩，今天我们要跟着爱丽丝去参加一个非常特别的派对。

这一天，她看见一只粉红眼睛的白兔穿着一件马甲，还从马甲里掏出了一只怀表。这只兔子跑得飞快，它好像要去什么地方，却迟到了，所以很着急。它好像还自言自语道："哦，亲爱的，我来迟了，亲爱的，我太迟了……"原来它是赶着去参加一位女公爵举办的派对，如果迟到的话，会被她砍头的。

爱丽丝好奇地追上去。她和白兔跑进一个深洞里后，白兔一拐弯不见了。后来，爱丽丝发现自己站在一个大厅里，厅里有一扇小门，小门通向一座鲜花盛开的花园。她很想进去，但门太小。爱丽丝无意中发现了一些有魔法的食品，但是，她吃了这些东西后不是变得太小就是变得太大。后来，一条毛毛虫告诉爱丽丝，交替吃蘑菇的两边就能随意调整身体的大小。接下来爱丽丝经历了各种令人意想不到的奇遇……到最后甚至差点被王后砍头，但她毫不畏惧。在那千钧一发之际，爱丽丝从瞌睡中醒来——原来刚才发生的一切只是一场梦。

　　爱丽丝在现实中是真实存在的，她的真名叫爱丽丝·利德尔。这个故事是她父亲的一位同事乘船游玩时为她创作的。他是一位作家，也是一位数学教授，作为故事的作者，他署名时用了一个偶然想出来的假名字。他从未想过自己会因为写出各种稀奇古怪的故事而出名。他就是英国作家刘易斯·卡罗尔。

# 《木偶奇遇记》[9]

[意大利] 卡洛·科洛迪
1883年

　　从前，木匠杰佩托用木头雕刻出了一个小木偶，蓝发仙女略施魔法，小木偶就成了一个有生命的小人。杰佩托给小木偶起了个名字叫匹诺曹。

　　杰佩托想把小木偶教育成一个诚实懂事的小男孩，为此，他卖了自己的外套，用换来的钱给匹诺曹买了识字课本。可是匹诺曹转手卖掉了识字课本，拿着钱跑去剧院看戏，在那儿被凶恶的木偶戏老板"吃火人"关了起来。后来，在匹诺曹不断的哀求下，"吃火人"放了他，还送了他几枚金币，让他带给自己的父亲。但是匹诺曹却把这些金币埋了起来，他梦想着土里能长出一棵挂满金币的树。这其实是一只猫和一只狐狸骗他的，它们想把匹诺曹的钱财偷个精光。

　　之后匹诺曹还遭遇了一连串困境：几个歹徒把他抓起来，他差点儿被吊死；他还长出了一双驴耳朵；后来又被鲨鱼吞进了肚子里；还被人当狗一样用链子拴起来。经历了这一切之后，匹诺曹终于学会了感恩，变成了一个真正的人类男孩。

# 《查理和巧克力工厂》

[英国] 罗尔德·达尔

1964年

　　男孩查理生活的小镇里有一个全世界最大的巧克力工厂。这座工厂非常神秘，大门紧锁，全镇的人从来没有看见有人从大门进出过。

　　有一天，工厂的老板旺卡先生突然发出一则告示，将有5位幸运的孩子获得参观巧克力工厂的特权，同时还能得到足够吃一辈子的巧克力和其他糖果。查理梦想成真，成为了其中一位幸运儿。

　　参观工厂的过程是一次奇特的经历。每个参观者都无限着迷、狂喜、好奇、惊讶和迷惑不解。即使做最荒诞的梦也想象不出这样的事情：飞流而下的巧克力瀑布，流淌着棕色糖浆的河，大片大片的口香糖草地，还有牛奶糖堆成的山。工厂里的工人全是酷爱巧克力的矮人。在参观的过程中，发生了许多有趣的事情：一个孩子掉进了巧克力河，一个孩子变成了蓝莓，一个孩子变成了手掌大小。而在最后，小查理还得到了一个最大的惊喜：旺卡先生把整间巧克力工厂送给了他！

# 《爱的教育》

[意大利] 埃德蒙多·德·亚米契斯
1886年

通常到了9月，天气刚开始变冷，北半球的秋天就开始了。这个时节栗子都熟了，到处都是干枯的叶子，葡萄该丰收了，学生们也要去上学啦。在阿根廷的大街上，有段时间你会看到小孩子们都穿着那种有褶痕的白衬衫，他们的妈妈为此要整晚地熨烫衣服。在意大利，男孩们穿着蓝衬衫，打着白色的领结，而女孩们则穿白衬衫，打蓝色领结。在米兰，小学一年级的孩子被叫作"雷米吉尼"，这是为了纪念他们的保护神——圣人雷米焦。在俄罗斯，孩子们上课时用的那块黑板不是黑色的而是米黄色的，这是为了不让眼睛太累。大人们小时候上学手里都提着书袋，但是现在的小孩子们都背着双肩包，这是为了不伤害背部。

我们之前讲过匹诺曹小朋友，他觉得学校就像监狱一样，于是他把自己的识字课本——后来叫拼音课本——给卖掉了，他一直梦想着过上和那些逗人发笑的喜剧演员一样的生活。可如今没有哪个小孩子觉得学校是个牢笼，每个孩子都很乐意去上学。因为在学校里可以和朋友们待在一起，大家一起玩耍，一起快乐地探索这个世界是怎样运行的。昨天你得熟记一些知识，但你并没有弄懂，那么今天你就可以在学校说出自己不明白的地方，提出问题并找寻答案。

　　亲爱的小朋友，如果你想知道 19 世纪时意大利的学校生活是怎么样的，那你就得读一读《爱的教育》。这是一个小学四年级男孩写的日记，讲述了他一个学年的生活，其间穿插着老师每月给学生讲述的"故事"，还有父母为他写的许多具有启发意义的文章。

# 《堂吉诃德》

[西班牙] 米格尔·德·塞万提斯
1605年

　　从前，在西班牙乡下住着一位小贵族，叫基夏达。基夏达是个又高又瘦的男人，留着两撇歪歪斜斜的细胡子。他和自己的小侄子以及两个仆人生活在一起，还拥有一间不同寻常的藏书室，里面全是骑士小说，写骑士们如何踏遍世界去伸张正义、击退各种猛兽怪物。

　　基夏达对这些故事着了迷，终于有一天，他也决定踏上自己的冒险征途。他从家中的阁楼里拿出了一套破旧的盔甲，这是祖传的。他勉强把上面的铁锈洗了洗，用一片硬纸修补了一下头盔，然后骑上了自己那匹瘦弱的还掉毛的马。接着，他又把自己的名字从基夏达改成了堂吉诃德，他觉得后者叫起来更顺口。在行进途中，他把修道士错当成了小偷，把借风力转动的石磨当成了敌人的军队，为此他挨了一顿暴打，被送回家时全身都是伤。

　　堂吉诃德在家把伤养好后，决定找一位同伴一起去冒险。他说服了自己的邻居桑丘·潘沙，让他当自己的侍从，并许诺以后会任命他为远方某个小岛的岛主。堂吉诃德之前从书上看到，每个骑士都有自己心爱的女人，于是他选了邻村一个叫阿尔东萨·洛伦索的农家女当作自己的心上人，并称她为"托沃索的杜尔西内亚"，他要以她的名义开创一番事业。

后来，即便有桑丘的陪伴，堂吉诃德一路上也挨了不少打，直到碰见了自己的朋友——一位理发师和一位神甫，他们想方设法想要纠正堂吉诃德的行为。为此，他们乔装打扮成堂吉诃德幻想世界里的人，和他决斗并打败了他，战败的惩罚使得堂吉诃德在接下来的一年里放弃了自己的冒险。就这样，堂吉诃德回了家，但此时他已经病入膏肓，不久就去世了。

在这本书诞生的那个时代，人们认为小说中编的故事和堂吉诃德的冒险经历对于追求梦想的人来说都是荒唐的。但是，世界总是在不断发生变化，现在没有人会觉得追求梦想对身心健康有什么不好。

# 《鲁滨逊漂流记》

[英国] 丹尼尔·笛福
1719年

　　以前，在所有说英语的国家，鲁滨逊这个名字没什么特别的，但是从某一天起，这个名字变成了"幸存者"的代名词。这一切都要归因于一位叫笛福的人。笛福是现代报刊文学的先驱之一，他受水手亚历山大·塞尔柯克相关经历的启发，以亚历山大为原型塑造了鲁滨逊这一人物形象。《鲁宾逊漂流记》是一本冒险小说，当时以连载形式在报刊上发表。

　　在笛福笔下，因为搭乘的船在海上失事，鲁滨逊不得不在一个荒无人烟的小岛上独自生活了28年（现实中，亚历山大在孤岛上生活的时间远没有那么长），其间，他只能靠双手去制作一切生活必需品，但却没法建造一条足够坚固的船去横穿大海。

　　一天，鲁滨逊所在的小岛上来了一群原住民，他们还带着一个俘虏。鲁滨逊救了这个俘虏，把他当成了自己的同伴。鲁滨逊叫他"星期五"，并教给他一切进入人类文明社会所需要知道的事情。

　　很多年之后，世界变了，很多观点也发生了变化。一位叫

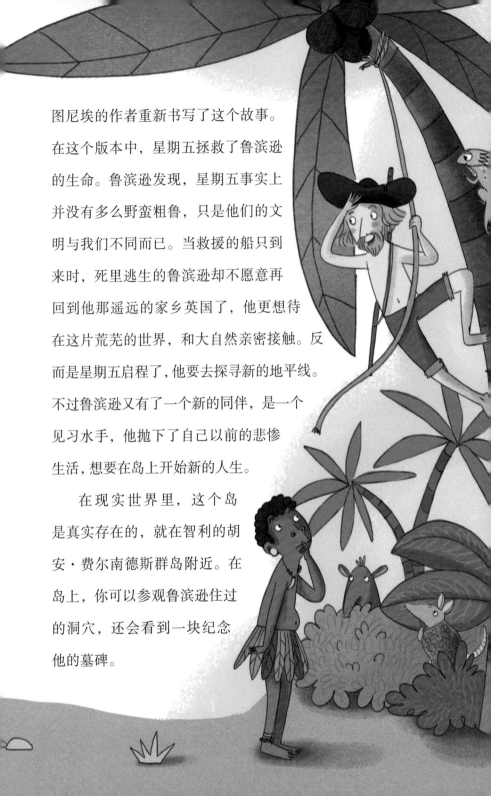

图尼埃的作者重新书写了这个故事。在这个版本中，星期五拯救了鲁滨逊的生命。鲁滨逊发现，星期五事实上并没有多么野蛮粗鲁，只是他们的文明与我们不同而已。当救援的船只到来时，死里逃生的鲁滨逊却不愿意再回到他那遥远的家乡英国了，他更想待在这片荒芜的世界，和大自然亲密接触。反而是星期五启程了，他要去探寻新的地平线。不过鲁滨逊又有了一个新的同伴，是一个见习水手，他抛下了自己以前的悲惨生活，想要在岛上开始新的人生。

在现实世界里，这个岛是真实存在的，就在智利的胡安·费尔南德斯群岛附近。在岛上，你可以参观鲁滨逊住过的洞穴，还会看到一块纪念他的墓碑。

# 《小王子》

[法国] 安托万·德·圣埃克苏佩里
1943年

　　如果你有一天要去非洲的撒哈拉大沙漠，记得带一个活页记事本和一支铅笔在身上哦！因为你可能会碰到一个神秘的小男孩，他想要一幅画。这个男孩是一位"小王子"。你大概马上就能认出他来，他的头发是小麦成熟时的那种金黄色，他总是笑着。他还有一幅画，上面画着一只羊。这幅画是一位飞行员送给他的，那时飞行员驾驶的飞机不得不降落在这片沙漠中。

　　这个男孩来自浩瀚宇宙中一个叫 B-612 的小行星，那儿除了他，还有三座火山（其中两座是活火山）和一株高傲的玫瑰花。地球是小王子游览的第七个星球，也是他最喜爱的一个星球，因为在地球上他碰到了一只雌性狐狸。小王子驯养了这只狐狸，从它身上知道了什么是友谊。小王子一直在寻找一只能吃掉猴面包树苗的绵羊。因为猴面包树长得快，要是不及时拔掉它，它的根会在星球（指 B-612 小行星）内部四处蔓延。而星球非常小，比一座房子大不了多少，如果猴面包树太多，它们就会把星球撑破。因此，男孩央求飞行员帮他画绵羊。

飞行员先是画了两幅画，直到第三幅画小王子才满意，其实这幅画中是看不见那只绵羊的，飞行员只画了一个盒子（飞行员告诉小王子小羊住在盒子里），盒子上有一个孔（也是画上去的），透过这个孔可以看到盒子里面是什么。这时小王子还想要飞行员给他画一个能套住羊嘴的嘴套，因为他不想让羊在晚上他睡着的时候把玫瑰给吃了。飞行员给小王子画了一个嘴套，但他忘记画系在嘴套上的皮带了，所以这个嘴套就用不成了。飞行员意识到这一点时已经太晚了，小王子已经出发踏上新的旅途了。人们都说小王子肯定还会回来的，因为他要设法去寻找一个新的嘴套呀，但不知道有多少人会带着活页笔记本去沙漠呢？

# 《大卫·科波菲尔》

[英国] 查尔斯·狄更斯
1850年

　　从前，假如有人欠了债，但自己也破产了，这就意味着他借了别人的钱，但是一直没法还。如果这个人生活在古罗马，他会被债主当成奴隶卖掉，而且为了凑齐他所欠的数额，被卖掉的不仅是他自己，必要时还会加上他的家人。

　　在19世纪的英国，债主完全可以把欠债不还的人送进监狱，但是监狱一般也会收纳欠债人的家人，否则他们没法养活自己。而且，在19世纪的英国，如果一个欠债不还的人为了不进监狱四处躲藏的话，在星期日那天，他可以在所有人的眼皮底下带上家人一走了之，因为在节假日期间不会实施任何抓捕行动。不过欠债人家的孩子们可就要过苦日子了，就像小时候的查尔斯·狄更斯一样。

　　狄更斯在家里的8个孩子中排行第二，他父亲是一个没有经济头脑的人。这个男人总是在做各种自认为会发财的生意，但最后总是陷入困境。在这本小说中，狄更斯讲述的就是自己的生活，但他隐去了一些内容：小说主人公大卫的父亲并不是欠债却无力偿还的人，因为他在大卫很小的时候就去世了；另外，大卫是他家唯一的儿子。书中其他内容都是真实发生过的，比如，大卫还是个小男孩时就在工厂工作，这确实是作者自己的真实经历。同时，当时那些被剥削的孩童们的生存状况也是第一次被公之于众。

作者父亲的形象是以一位叔叔的样子出现在这本小说中的，这位叔叔有些疯癫和孩子气，但是可爱并且心地善良。狄更斯永远不会忘记的是，当母亲想尽办法假装这个家还能维持下去时，是父亲坚持让年幼的自己继续学习，而不是出去当童工。

# 《三个火枪手》

[法国] 亚历山大·仲马（大仲马）

1844年

很久以前，在法国，男人之间总是打来打去，国王会和自己的首席内阁大臣决斗，小偷、乞丐能和所有人决斗。那些年间有一个叫达达尼昂的年轻人，只有18岁，外形有点像堂吉诃德。他骑着一匹掉了毛的瘦马，告别了家中的父亲，口袋里装着15枚钱币，带着母亲给的一种能治愈任何伤口的膏药（只要伤口不太靠近心脏就行）就去冒险了。

临行前，父亲给了他一封带给国王火枪队队长的介绍信，以及两条中肯的建议：一是发生任何意外情况都不要害怕；二是要去寻求冒险的机会。

在路上，达达尼昂挨了顿打，最后把介绍信也弄丢了。达达尼昂还遇到一个叫米拉迪的神秘女子，这个女子和他遭遇的各种不幸都有一定的关系。他一到达巴黎，两个小时内就遭遇了两场决斗，但最后他与国王火枪队的几个队员成了朋友，他们分别是阿索斯、波尔托斯和阿拉密斯。阿索斯是一位悲伤的绅士，他的不幸来源于和一位女冒险家的婚姻；波尔托斯是个大块头，他有时候有些厚颜无耻，同时又很善良温厚；阿拉密斯以前是个修士，他穿戴讲究，风度翩翩。在第一个任务中，达达尼昂成功地帮王后找回了一些特殊的珠宝，把王后从一个尴尬的处境中解救了出来，但同时也得罪了红衣主教兼首席内阁大臣，后者便开始想方设法陷害他。

这部小说以 17 世纪三股势力相互抗衡的法国为背景，三股势力分别来自国王路易十三、来自奥地利的安娜王后、内阁大臣黎塞留，他们都是赫赫有名被载入史册的人物。整个故事情节跌宕起伏，里面穿插讲述了当时的西洋剑、人们说的一些吹牛的大话，还有关于忠诚和勇气的部分。这部小说使得作者大仲马名声大噪。但只有少数人知道，小说中的波尔托斯身上藏着作者父亲的影子。

# 《永远讲不完的故事》[10]

[德国] 米切尔·恩德
1979年

　　有一个德国男孩名字叫巴斯蒂安，他腼腆又容易害羞，看起来胖乎乎的，还戴着一副眼镜，总是被学校的同学嘲笑。他很小的时候母亲就去世了，他的父亲因为悲伤过度而精神崩溃了。可怜的巴斯蒂安总是一个人躲进书的世界。

　　一天，在一个橱窗外，巴斯蒂安看到了一本红色封面的书，上面还画着两条尾巴互相绞在一起的蛇。这本书的名字叫《永远讲不完的故事》。他突然冒出一个念头，那就是要不惜一切代价得到这本书，于是他偷偷拿起这本书就跑了。巴斯蒂安不知道自己该躲到哪儿，这是他第一次偷东西。他跑到学校，偷偷溜进阁楼，他打算把书放在那里，以后找时间偷偷看。

　　后来，他在翻看这本书时居然被拉进了书中的世界。那里有一位天真女王，她的王国名叫"幻想王国"，里面有很多奇特的人物和地方。天真女王眼看着自己的王国在"虚无"的吞噬下即将毁灭，便四处寻求帮助。巴斯蒂安意外地成为了幻想王国的拯救者，他不得不动身去寻找生命之水。他得到了一条龙和一个当地年轻人的帮助，他还得到了一个护身符，拥有这枚护身符等于拥有了强大的力量，但他永远不能使用这种力量，只有放弃任何暴力行为，他才可以获得胜利。

一路上，巴斯蒂安经过了很多陌生的国家，碰见了很多神奇的生物，其中就有传奇大海龟和漫游山老人。这位老人正在写一本书，而这本书就叫《永远讲不完的故事》。这时候，所有人，包括巴斯蒂安都意识到自己已经成了书中的人物了。当巴斯蒂安热切地想要把生命之水带给他的父亲时，他居然被书中的世界给弹了出来，他这才发现，现实世界中已经过去了一天一夜。这次冒险经历使巴斯蒂安变得更加强壮了，也和以前不一样了：他不再害怕学校里欺负他的同学，也知道了应该怎样生活、怎样帮助父亲从遭受的打击中恢复过来。

# 《伊索寓言》

[希腊] 伊索

公元前6世纪

在 2000 多年前，希腊的小孩子们，在学校上课时都会用到一本书，书中全是寓言故事。这些故事大多是关于动物的，其中有狼和小羊、猫和老鼠、狐狸和乌鸦、马和蛇等。每个寓言故事的结尾都会揭示一个道理，这是为了让学生们明白这个世界是怎样运转的。相传这些寓言故事的作者是伊索，他是一个奴隶，皮肤黝黑，跛脚，说话结结巴巴。他名字的意思是"黑的"，有种蔑视的意味。尽管这本书没有引起同时代人的重视，但后来却赢得了全世界的赞誉，它几乎能与《荷马史诗》相提并论。

伊索当时写这本书并不是为了给孩子们看，而是为了让其他奴

隶同伴学会怎样融入与自己家乡文明完全不同的另一种文明。伊索为此写了很多相关的故事，在故事里，正义是至高无上且高于权势的。此外，里面的每一种动物身上都体现了一种品质，有的是正面的，有的是负面的。因此，在希腊人心中伊索是世界最负盛名的7位智者之一。

在耶稣诞生之初的那些年里，古罗马有一个叫费德罗的人把伊索的作品从希腊语翻译成了拉丁语。费德罗以前也是个奴隶，但后来他被赎买出来，成了一位诗人。在此后1600多年的法国，有一位叫让·德·拉封丹的人把这些寓言故事以诗的形式写成书《拉封丹寓言》，献给了太阳王路易十四的儿子。

人们之所以称之为"寓言"而不是"童话"，是因为其中没有任何魔法神力的痕迹；也没有叫它"传说"，是因为里面的主角并不是什么英雄，而是普通人，更确切地说，是一些不那么体面的动物。这些寓言之所以能够流传至今，是因为它们不仅寓意深刻，而且广泛地反映了公元前6世纪左右古代希腊的社会生活和风俗习惯。

# 《柳林风声》[11]

[英国] 肯尼思·格雷厄姆
1908年

　　春天不会在同一时间到达所有的地方。在北半球，春天一般在每年 3 月开始，6 月结束；在南半球，春天每年 9 月开始，12 月结束。

　　当春天到来时，在欧洲人们会进行所谓的"复活节大扫除"，而那些刚从冬眠中苏醒的动物也会进行"春季大清扫"。我们要说的故事就从一只鼹鼠的"大扫除"开始。这只鼹鼠想用抹布、扫帚、刷子和石灰来打扫自己的小窝，它又是刮，又是擦，又是扒，又是挖。打扫完后，它来到了风景如画的河边休息。河面泛着亮光，河水蜿蜒着流向远方，水流潺潺像唱着歌一般。鼹鼠在岸边坐了下来，听河流娓娓讲着世间最好听的故事。这些故事发自内心深处。河流一路讲下去，最终要向那永远听不厌的大海倾诉。

　　这时，鼹鼠碰见了居住在河边洞穴里的水鼠。它的一对小耳朵十分精巧，褐色的口鼻处长着胡须，皮毛光滑得像丝缎一样。很快，鼹鼠和水鼠成了好朋友并住在了一起。有一天，水鼠带着鼹鼠去癞蛤蟆先生家做客，癞蛤蟆先生的家是一栋豪华的古建筑，房子是由红砖砌成的，周围的草坪被修剪得整整齐齐，此外还有宽敞的马房和船库。癞蛤蟆先生非常富有，它爱摆架子还有点任性，但又和蔼可亲，也很宽容大方。癞蛤蟆先生情绪很不稳定，善变，行为鲁莽，即使是走在路上也会被一辆飞驰的汽车气得像个疯子一样跳来跳去。幸好，癞蛤蟆先生有很多朋友，它的朋友们总会帮它摆脱各种困境。

好奇心重的鼹鼠喜欢四处游历，它想深入神秘的"野蛮森林"一探究竟，但很不幸迷了路，还碰上了下大雪，幸亏好朋友水鼠及时赶来相救。水鼠带着鼹鼠敲开了獾先生家的门。獾先生是一位朴素且充满智慧的老者。打开它家橡木做的门，你会发现它有一间大粮仓，还有一间厨房，里面全是各种各样的火腿、洋葱和带香味的草料等，这一切都是为安静惬意的冬眠而做的准备。

# 《格林童话》

[德国] 格林兄弟

1812年

在 19 世纪的德国有一对兄弟，他们有一个梦想，那就是为孩子们写一本书，希望这本书能够在所有德语地区流传。如果这些地方的孩子们都深爱着那些属于他们自己的童话故事，那他们长大成人后就不会互相打仗了⋯⋯

于是，格林兄弟在民间寻找那些属于普通人的故事和传说，并汇集成书——《格林童话》（又叫《儿童与家庭童话集》）。但当时的人们认为书中的某些内容导向有问题。兄弟俩并没有丧气认输，他们反复修改，足足改写了 7 遍，最后他们的故事终于得到了人们的认可。如今格林兄弟写的童话比法国人佩罗写的童话更出名，格林兄弟的童话书里有《小红帽》《灰姑娘》《拇指姑娘》《睡美人》。此外，格林兄弟还挖掘出了更多的童话故事，大约有200多个，其中就有《白雪公主》和《糖果屋》。

# 《曾达的囚徒》

[英国] 安东尼·霍普
1894年

19 世纪时，英国有一位年轻人，他虽然出身贵族而且十分富有，但却长着卢里塔尼亚王室（作者虚构的欧洲中部的一个小王国）所特有的深红色头发和长而笔挺的鼻子。为了弄清自己的身世，他完成学业后，决定前往卢里塔尼亚王国参加国王的加冕[12]仪式。

一到达卢里塔尼亚的曾达城，他就被扣留了。他发现自己竟然和未来的国王长得一模一样，而未来的国王早就被阴谋家关进了监狱。他被迫假装接受王位，同时他也准备和好朋友一起想办法救出被关在监狱里的国王。于是他成了"国王"并有了一个美丽动人的未婚妻……可是，这样一来，最后究竟谁才是这个国家真正的国王呢？

作者安东尼是一位著名的律师，也是当时前途光明的政治人物。第一次世界大战期间，他为英国的秘密情报部门工作，但是如果他没有写这部小说的话，现在估计早被人们遗忘了。

# 《悲惨世界》

[法国] 维克多·雨果
1862年

　　在 1832 年的巴黎，街上有不少衣服破烂、身上肮脏的孩子。他们都是穷苦工人的孩子，没有人管。加夫罗什就是这些孩子当中的一个。他住在巴士底狱广场一尊大象铜雕像里。这是一尊为了纪念拿破仑所铸的纪念碑式雕塑，由木头和砖块垒成。大象的背上有一座塔，它的四肢就是柱子。加夫罗什在决定离开他那两个坏蛋父母之后就把这儿当成了自己的家，虽然生活跟以前一样惨，但至少是自由的。大象雕塑的腹部开了一个小门洞，要进去你只需要拿一架工地上的梯子就行。里面有一张床，样子就像印第安人的帐篷一样，地上插着几根木条，木条在顶部被扎到一起变成了一个尖形的架子，这些木条上顶着一张金属丝的纱网，这样就能把老鼠都挡在外面。床上铺着一张草席，是从动物园的长颈鹿那儿抢来的，还有一张当作被子的羊毛毯，之前也是猴子用的。尽管如此，这儿仍是一个能遮风避雨的庇护所。

　　加夫罗什虽然从小挣扎在社会底层，但他生性乐观，向往正义，在工人们的起义暴动中，自告奋勇地成了街垒站中的"小革命家"。在战争中，他表现得勇敢、沉着、机敏，虽然最终牺牲了，但他的小英雄形象给读者留下了深刻的印象。

加夫罗什的故事节选自雨果的长篇杰作《悲惨世界》第二部《法兰西小英雄》一文。虽然在雨果的作品集里，没有一部是专门写给孩子的，但《法兰西小英雄》却被很多国家选入语文课本中。

# 《姆咪谷的夏天》
# 《姆咪谷的冬天》 [13]

[芬兰] 托芙·扬松
1954—1957年

很久以前，在斯堪的纳维亚地区的一些国家，住着一些奇特的地精，他们被叫作"巨怪"。他们全身长满了毛发，野性十足，看起来很难相处。但是就像多个世纪以来变得越来越精致文雅的人类一样，巨怪们也变了，他们也学会了礼貌和规矩。

如今他们被叫作"河马巨怪"，因为他们的外表长得像小河马，皮肤光滑柔软，就像白色的天鹅绒一样。在自己的国家，他们的名字叫姆咪。他们是一群乐观得让人难以置信的生物，无论生活怎样，他们都能接受，他们总是确信一切都是最好的安排。姆咪家是一个幸福快乐的家庭，有姆咪爸爸、姆咪妈妈、姆咪特罗尔和他的妹妹——格鲁尼娜。他们还有很多朋友，其中有哲学家斯皮内托、总是很沮丧的米萨、很有个性的米姆拉妈妈和孩子们、会发光的富加来蒂一家……

有一天爆发了洪水，姆咪们称之为"大波浪"。他们被迫离开自己的家，搬到了一个在水中随波逐流的新家中，即使这样他们也满意极了。后来他们发现这个新家居然是个名副其实的剧院，里面有宽阔的舞台，有伙伴们，还有道具存放间和衣帽间，以及大幕帘和各种舞台布景。天性乐观的姆咪爸爸干脆编写剧本在河上演出。与此同时，被洪水冲散的姆咪特罗尔、小咪咪他们也各自经历了许多危险，所幸的是，大水退去后，姆咪全家得以团圆。

在寒冬时节，所有河马姆咪本该进入冬眠，其中一只小姆咪却醒了过来，他没有垂头丧气，反而从冬天的世界中发现了一种别样的美丽，这种美和他之前看惯了的阳光明媚的美完全不一样。小姆咪决定探索这个神秘季节的真相，于是他来到了姆咪们从没到过的地方……

# 《埃米尔擒贼记》[14]

[德国] 埃里希·凯斯特纳

1929年

　　故事的主人公埃米尔·罗勒是一个男孩，他失去父亲之后，他的妈妈成了寡妇，靠给人理发为生。母亲省吃俭用攒了一些钱。放假时，埃米尔准备去外婆家度假，顺便带些钱给外公外婆。于是他坐上了去柏林的火车，不幸的是，在火车上他的钱被人偷走了。

　　埃米尔怀疑是车上某位乘客偷走的，但他也拿不准。接下来该怎么办？于是，他只好一直跟踪小偷，他跟着那个人从动物园站下了火车，又搭乘177路有轨电车，坐着电车穿过了整条皇帝大街。之后，那个小偷在风味咖啡馆吃了两个生蚝煎蛋，而此时的埃米尔却饥肠辘辘，他还没吃早餐呢。后来，他又跟着小偷走过勃兰登堡门[15]，穿过长约1500米，两旁种有四列椴树的椴树大街（欧洲最著名的林荫大道之一）。再往前走就到了柏林的城墙边，在那儿埃米尔遇到了古斯塔沃，他是柏林当地的孩童群体的头儿。为了抓住小偷，一场紧张的追捕在柏林城内展开。最终，小偷走投无路，被逮捕了。但是，这个小偷身上的故事远远超出了大家的想象。

　　讲这个故事的人是一位记者，他那天在电车上碰到了埃米尔，埃米尔没钱买车票，眼看就要被检票员赶下车，于是，他帮埃米尔买了车票。这位记者就是这本小说的作者埃里希·凯斯特纳，他后来成为了一座国际青年历史图书馆的建造者之一。图书馆的德语名字是"Internationale Jugendbibliothek"，位于德国巴伐利亚州的城市慕尼黑。

# 《丛林故事》

[英国] 鲁德亚德·吉卜林
1894年

　　在被狼群抚养长大的小孩子里，最著名的就数莫格里了，这个名字在狼的语言中是"小青蛙"的意思。故事开始时，莫格里刚刚学会用两条腿站立，他看起来柔柔嫩嫩、胖乎乎的。有一天，在西奥尼山附近，他从老虎谢尔可汗的利爪下侥幸逃脱，逃进了母狼拉克夏的巢穴，狼妈妈拉克夏收留了他，把他当作自己的孩子，与其他小狼一起抚养。后来狼爸爸把莫格里和自己的小狼崽子们一起介绍给狼群的首领阿克拉，这是为了得到它的认可，这是狼群的惯例。按照丛林法则，如果某个人类的孩子想加入狼群，除了孩子的狼爸狼妈外，至少还得有其他两头成年狼同意才行。幸亏大棕熊巴洛和黑豹巴赫拉在狼群面前为莫格里说好话，莫格里才被狼群接纳了。巴赫拉为此还献出了一头刚刚杀死不久的公牛作为交换。其实巴赫拉是在乌代浦王宫 [16] 中的兽笼里出生的，所以它把莫格里称作小兄弟。

　　10年后，狼群眼中的"小青蛙"莫格里救了阿克拉，用"红色的花"公开羞辱了老虎谢尔可汗。"红色的花"其实就是火，是从人类那里偷过来的。

　　莫格里慢慢知道了丛林中所有的秘密，以及丛林动物必须遵守的"丛林法则"。他知道了拥有勇气和尊严的重要性，他还明白了在任何种群中，都会有欺骗你的以及给你设圈套的人。莫格里和大象哈蒂、蟒蛇可阿成了朋友，他和猴子们在一起也很开心，尽管他的师父——大棕熊巴洛认为猴子们不太可靠。

　　每天晚上，当莫格里在丛林中呼呼大睡的时候，他的朋友们都在狩猎，飞鸢奇尔会预告夜晚的到来，这时蝙蝠芒哥就开始自由活动了。在人类居住的地方，畜群都被关进了牲口棚里，人们也都待在房屋里。狼群会四处活动，一直持续到黎明时分，这是一个需要力量、四肢、毒牙以及利爪的时刻。只要你遵守丛林法则，那你就可以尽情狩猎，祝你玩得开心哦！

# 《小国王：马特一世执政记》[17]

[波兰] 雅努什·科扎克
1923年

　　"如果我是国王……"几乎每个孩子都有过这样的幻想。如果一个孩子真当上了国王，他的王国会是什么样子？我们要讲的这个故事的主人公马特年纪很小，还没有上过学，所以既不会阅读也不会写字。他的父亲是一代明君斯特凡诺国王。斯特凡诺国王去世后，马特便继承了王位。马特和消防队队长的女儿伊雷妮、卫队里一名军士的儿子费利切成了朋友。马特跟着费利切偷偷溜了出去跑到前线，因为当时大臣们已经向邻国宣战了。马特发现，战争不是骑骑白马、吹吹喇叭那么简单，而是伴随着污泥、饥饿、寒冷、痛苦和死亡。战争结束重归和平后，马特又认识到，国王也应该和所有人一样遵守法律和规定。他也明白了，只有学会了读书和写字，一个人才能更自由。要改变这个世界很难，但不应该因为难而不去做这件事。这个故事是雅努什·科扎克在 1923 年创作的，科扎克当时还是华沙一座孤儿院的院长。1942 年，他和孤儿院的孩子们被纳粹分子关进特雷布林卡集中营[18]，并在那里被杀害。

# 《尼尔斯骑鹅旅行记》[19]

[瑞典] 塞尔玛·拉格洛芙

1907年

　　尼尔斯住在瑞典，长着一头金发，身材结实，但是很懒，也很调皮。一天，他因得罪拇指般大小的"小狐仙"，而被"小狐仙"用魔法变成了拇指一样大小的人。尼尔斯变小后居然能和动物们对话，他也慢慢适应了从动物的视角出发去看待这个世界。一天，天空中飞过一群又一群正在迁徙的大雁，他家的一只大公鹅也想加入大雁的队列。为了不让大公鹅飞走，尼尔斯用双臂环抱住大公鹅的脖子，却被大公鹅带上了天。在旅行途中，尼尔斯慢慢学会了做好事，他打跑了一只给大雁群设置陷阱的狐狸，还将几只城堡里的鹳鸟从老鼠手中解救了出来。有一次，他还医治并精心照顾一只翅膀受伤的小鸭子。

　　因为他乐于助人，所以后来也有人愿意帮助他。那人是一位小学女老师，名字叫塞尔玛。塞尔玛老师把尼尔斯从一只猫头鹰的"魔爪"下救了下来……这个故事正是这位老师讲述给我们听的。塞尔玛老师在1907年获得了诺贝尔文学奖，这是世界上最著名的文学奖之一哦。

# 《纳尼亚传奇》

[英国] C.S.刘易斯

1950—1956年

　　这个故事发生在第二次世界大战期间。当时伦敦已经成为德军轰炸的目标，故事的主人公彼得、苏珊、埃德蒙、露西等兄妹4人不得不离开伦敦，因为他们还都是孩子，家人们想让他们活下来。他们被一个老教授收留，住在一幢偏僻的别墅里。

　　在一个下雨天，他们发现了几间平时没有人去的房间，他们在里面玩起了捉迷藏的游戏，玩着玩着就躲进了一个衣橱中。在衣橱尽头，他们打开了一个通道，这个通道通往一个平行世界——纳尼亚王国。小露西是第一个跨入这个世界的。在一片雪花飞舞的树林里，她遇到了一个上半身是男人，下半身是山羊腿的羊怪。羊怪脖子上围着红围巾，打着伞走过来，邀请小露西去喝茶。其实这是一个骗局，事实上，羊怪想要将小露西交给恶毒的白女巫，但后来他没有勇气对露西下手，反而陪伴露西找到了回归人类世界的大门……

　　露西回去后把自己的经历讲给哥哥姐姐们听，但他们都不相信，最后他们一个个都掉入了白女巫的陷阱中，幸好狮子阿斯兰解救了他们。阿斯兰长得很让人害怕，但它品行高尚，用自己的生命换回了其中一个孩子的生命。但白女巫没有想到，阿斯兰后来居然复活了。最后，孩子们在阿斯兰的帮助下，将纳尼亚王国的人们从白女巫的魔爪下拯救了出来……

围绕纳尼亚王国的系列冒险故事一共有7册，这个系列叫《纳尼亚传奇》，其中一册为《狮子、女巫和衣橱》。作者刘易斯是牛津大学的文学教授，也是大名鼎鼎的作家托尔金[20]的同事，托尔金写的《指环王》无人不晓。这两位作家都创作了奇幻文学，这是一种叙述性文学，通过对英雄冒险经历进行创新性描写，来表达对现实世界的不满。

# 《长袜子皮皮》[21]

[瑞典] 阿斯特丽德·林格伦
1945年

　　亲爱的小朋友，如果你想找长袜子皮皮的话，一定要去瑞典找哦。你先找到那个很小的城市，再找到那个有点破旧的老果园，在那里你会看到一幢摇摇欲坠的房子，这个地方叫"维拉科莱庄园"。如果你还看到走廊上有一匹马，一只穿着蓝色长裤、戴着黄色围巾的小猴子的话，那你就到达皮皮住的地方了。

　　皮皮会说自己名叫皮皮洛塔·佩莎内拉·塔帕蕾拉·苏恰门塔·长袜子。但皮皮是个爱撒谎的孩子，你可别太相信她。她还在摇篮里时，妈妈就去世了，她的爸爸是大船"埃弗雷姆·长袜子号"的船长，但他在一次航海中被一个巨浪卷走了。除一个装满金币的行李箱外，皮皮的家就只剩她一个人了。皮皮满怀希望地认为自己的爸爸没有死，只是在海上迷路了而已——他现在住在一个满是土著部落的小岛上，还被他们拥立为国王。皮皮还确信，妈妈在天上会用望远镜看着自己。

　　皮皮已经9岁了，她的鼻子像个小土豆，脸上有很多小雀斑，两根胡萝卜颜色的辫子向两边翘起。她的衣服是用布片拼成的，她穿着一双奇怪的长袜子，两只袜子的颜色是不一样的。她的脚上穿着一双过于肥大的皮鞋。如果你遇到她，肯定能马上认出她就是皮皮。

皮皮不愿意去孤儿院，甚至也不愿意去上学，因此，她的邻居赛特格伦家的汤米和安尼卡很是担心她，这是两个有礼貌有教养的好孩子。皮皮却说自己现在这样好极了，她不需要去上学，因为她不想长大。而且，皮皮还会劝说你也不要长大呢，她会给你一些"不会让人长大的天书药片"。药片的名字也是一个口号哦。因此，如果你不想永远都是个小孩子，就千万不要边吃药片边对皮皮说"不想长大"这个口号。

# 《苦儿流浪记》

[法国] 埃克多·马洛
1878年

　　100多年前，有两个小孩子走遍了法国各地。其中一个孩子是个街头小艺人，他叫雷米，是个弃儿。另一个孩子的家里很富有，但得了很严重的疾病，他叫阿蒂尔。阿蒂尔的母亲是一个寡妇，她想，如果自己的儿子不得不在病床上度过自己的一生，她宁愿把病床搬到一艘船上，这样阿蒂尔就能好好看看这个世界。于是，阿蒂尔跟着母亲登上了一艘船。这艘船就是我们今天说的游艇，它非常大，就像一幢房子一样，上面还有水手和佣人。母子俩乘坐游艇从这条河穿梭到另一条河，游遍了法国各地，阿蒂尔因此见到了各种各样的风景，结识了许多新朋友。

　　相反，雷米和"母亲"巴伯林夫人在农村生活了8年。有一天，"父亲"巴伯林先生从巴黎归来了，他告诉雷米，他不是他们的亲生儿子，他是夫妻俩在巴黎捡来的。后来，巴伯林将雷米托付给了一个意大利流浪艺人，他叫维塔莱，是一名男高音歌唱家。维塔莱生活困顿，要到处演出维持生计，身边带着一只训练有素的小猴子和三只狗。雷米跟随维塔莱走遍了整个法国，途中维塔莱告诉雷米，要睁大眼睛处处留意身边的事物与环境，雷米不能去上学，就当是在实践中学习地理知识了。

后来有一天，雷米遇到了阿蒂尔，他们成了好朋友。阿蒂尔的母亲想要雇用雷米，因为阿蒂尔需要一个同伴陪伴他学习成长。但是维塔莱没有同意，因为他很爱雷米，把他当作自己的儿子一样对待，他更希望雷米是自由的，能按照自己的方式去过自己的人生。就这样每个人都回归了自己原本的生活轨道，但是后来维塔莱不幸去世了，雷米只好在巴黎当园丁维持生计。

与此同时，阿蒂尔的母亲也哭诉着自己的不幸：一个儿子生着病，另一个儿子在襁褓中就被人偷走了，至今都找不到……聪明的读者也许已经猜到了，那个被偷走的孩子其实就是雷米。

# 《奥尔佐威》

1955年

"奥尔佐威"的意思是"被抛弃的孩子"。这次我们要讲的故事发生在 19 世纪被白人殖民者侵略的非洲大陆。

一天,那里的土著人斯威士人 [22] 发现树枝上挂着一个篮子,里面居然有一个男婴。他们收留了这个孩子。这个小男孩就是奥尔佐威,他的皮肤是白色的,和那些逼迫斯威士人离开家园的殖民者一样。尽管如此,这个小男孩还是和其他土著小孩一起慢慢长大。他在 11 岁时成为了一名勇士。但此时,因为他的肤色,斯威士人渐渐疏远他,他们认为他是敌人。

后来,奥尔佐威成功地在丛林中生存了下来,还认识了一位朋友,他叫保,是布须曼人 [23],曾经是一位国王,但他的人民都逃离了家园。保是一位充满智慧的人,他为奥尔佐威想了各种办法,告诉他该怎样回归白人群体,但是奥尔佐威回去后,白人却排斥他,因为他是在所谓的野蛮人群中长大的。想要白人接受他,只有白色的皮肤看来是不够的。尽管如此,奥尔佐威还是交了几个朋友,其中有一个跛脚的男孩,他们都是被边

缘化的人。

缘化的人。当斯威士人抓住跛脚男孩时，奥尔佐威挺身而出救了他，自己却被抓住了。后来，白人想要奥尔佐威也加入战争，但是奥尔佐威冒着生命危险，想尽办法阻止他们发动战争……

　　写这个故事的是一位著名的老师——阿尔贝托·曼齐，他曾经在电视上教成千上万不识字的成年人学习怎样阅读。这个故事提及了种族主义以及排外主义，这些问题至今依然存在。

# 《白鲸》

[美国] 赫尔曼·梅尔维尔
1851年

　　如果你想要体验一下追捕鲸鱼过程中那种令人战栗的感觉，那就回到 100 多年前去航海吧。你先去楠塔基特 [24]（离科德角 [25] 湾约 40 千米），在那儿找到一艘旧船。那艘船叫作"披谷德号"，取自一个已经消失了的印第安人部落的名字。

　　这艘船看起来很古老，船身都褪色了。船上有很多驱邪物以及战利品，甲板上有很多洞。这些洞不是暴风雨造成的，而是亚哈船长故意弄出来的。这位船长有一条鲸鱼骨做的假腿，暴风雨来临时，他需要把假腿插到这些洞里，来支撑自己站立在甲板上。亚哈船长原本的那条腿是被一条抹香鲸咬断的，它就是莫比·迪克，亚哈船长决心找它报仇。为了追踪莫比·迪克，他不惜驾船驶遍世界上所有的海域。

　　亲爱的朋友，如果你决定登船航海，你将会经历艰险与恐惧，你将会在危机四伏的海洋里进行野蛮而又原始的斗争，但你会获得勇气和宝贵的经验。

# 《来自北方的小女孩毕比》

[丹麦] 卡琳·米凯利斯
1929年

 

有一个叫毕比·斯坦森的小女孩，她是火车站站长的女儿，有长期免费的火车票，因此，她可以坐火车游遍整个丹麦。

毕比没有什么行李，只有一支牙刷（放在杯子里），一本活页笔记本，这个笔记本的链子上系着一支铅笔。毕比把笔记本挂在自己的脖子上。此外，她还带着一个装有妈妈画像的纪念章，她的妈妈很早就去世了。旅行时，毕比用铅笔在活页笔记本上，将自己所看到的一切都画了下来。多亏毕比的画，全世界的小朋友才可以了解丹麦这个国家：那里的房子屋顶上有鹳鸟停留，壁炉是彩色的陶瓷做的，还能看到峡湾[26]。

毕比的妈妈生前是一位住在城堡里的贵族，她嫁给了毕比的爸爸——一个普通的铁路职员，因此她被自己的父母逐出了家门。后来有一天，毕比在火车上偶然遇到了自己的外祖父和外祖母，他们成了朋友。毕比将会拥有一座城堡，里面有尖顶的塔楼，有联通上下楼层的活动门和用来作恶作剧的陷阱，她还会邀请自己的好朋友来玩……

# 《小熊维尼》[27]

[英国] 艾伦·亚历山大·米尔恩
1926年

　　从前，有一个小男孩，他的名字叫克里斯托弗·罗宾。他有一件蓝色的雨衣，他的爸爸妈妈都是作家。他们家房子的大门是绿色的——几乎所有英国作家都喜欢绿色的门。罗宾有很多毛绒玩具，他的爸爸以这些毛绒玩具为主角，创作出许多精彩绝伦的童话故事。这些故事都发生在"百亩森林"里，这个森林就在罗宾家门口。

　　《小熊维尼》的主角是一只长毛绒玩具熊，这是罗宾一岁时收到的生日礼物。玩具熊的名字和某位英国国王的名字一样，叫爱德华，后来他又有了一个名字——维尼熊（故事里称他为小熊维尼）。为了吃到树上的蜂蜜，小熊维尼把自己挂在罗宾的气球上升到空中，想假装成一小朵乌云骗过蜜蜂。可蜜蜂不上当，他只好让罗宾开枪打破气球，自己慢慢降落下来。他去兔子家串门，吃得肚子滚圆，被卡在洞口进退不得，只好在一周内不吃不喝等瘦了再出去。小熊维尼和小猪想用蜂蜜引诱大象掉进陷阱里，但小熊维尼却心疼自己的蜂蜜，半夜取出蜜罐舔个没完，结果罐子套在了脑袋上，小猪以为是只可怕的大象，吓坏了。小熊维尼总是惹一身麻烦。尽管如此，小熊维尼和罗宾还是幸福快乐地生活在一起。

直到有一天，罗宾不能再"无所事事"了，也就是说，他得去上学了。于是，他们举行了一场盛大的告别仪式，然后就各走各的路了。但是小熊维尼和罗宾有一个约定，在罗宾100岁生日也就是小熊维尼99岁生日的时候，他们要在奇幻世界相见。奇幻世界就在百亩森林里，一眼看过去，那儿现在已经有60多棵树了，它们围成一个圆圈生长着，但谁也数不清楚里面到底有63还是64棵树。罗宾和小熊维尼在那里将会玩得很开心。

# 《帕尔街的男孩》

[匈牙利] 莫尔纳·费伦茨[28]
1906年

匈牙利有这样一座城市：城里建筑的房顶都是倾斜的，露出来的烟囱顶部细细小小的，像小烟管一样；这儿的钟楼是圆形的。这座城市就是匈牙利的首都布达佩斯。

曾经的布达佩斯可不是一座城市，而是两座，一座叫布达城，一座叫佩斯城。这两座城市被多瑙河分隔开来。佩斯城里有一条很多孩子都认识的街道：帕尔街。

帕尔街有个地方被一家锯木厂用栅栏围起来，存放东西。里面码着一垛一垛的木板，像一个个堡垒，组成了迷宫一样的形状。这片场地对男孩子们来说，就像一片可以纵情耍乐的大草原，是一块值得用生命去捍卫的宝地。进入这块宝地还需要说口令（"啊哦，哦！"）并且打暗号（在门上敲4下）。

这儿还爆发过一场争斗。菜园子那边有几个男孩长得又高又壮，力气很大，是所谓的"红衫军"，他们想占有这块场地来踢足球。博考是帕尔街男孩们民主选出来的领袖，众所周知，他一贯主张和平解决争议，但这次就连他也认为需要一战。朋友，

70

如果这会儿你到了帕尔街，你可能要当一名列兵了，因为目前列兵只有一个，那就是小奈迈切克，他是男孩中唯一一个更愿意服从命令而不是发号施令的人。

如果你真诚又勇敢，你将会赢得男孩们的友谊和尊重，也包括"红衫军"们，他们是敌人，但也在乎荣誉。看，你已经成为他们中的一员了。守门的黑狗见到你，也会摇尾巴示好。象征这块场地使用权的旗子是红绿相间的。旗子有时会插在一个木板垛上，然后"红衫军"会来抢夺旗子。亲爱的朋友，接下来就看你的了……

# 《飞天万能床和扫帚柄》[29]

[英国] 玛丽·诺顿
1957年

朋友，如果你相信魔法，相信世上有骑着扫帚的贝法娜[30]，有圣诞老人和女巫，还有巫术和科学幻想，这个故事就是为你准备的。

首先，你要去找一幅英国贝德福德郡的小地图。当你找到地图后，你还要想办法弄到一张铜制的床，床的四角分别有一个可以完全拧下来的圆形把手。如果你家里刚好有一张这样的床，那你就是幸运的；如果没有，你应该去找一张来，可以去奶奶那儿、堂兄弟那儿、牙医那儿或者某个守门人的小叔子那儿找一找。要是你没找到，可别就这么算了，因为正是有了一张这样的床，卡丽（和你年龄一样大）、查尔斯（年龄稍微小一点）和保罗（三人中年龄最小的）才能坐着它遨游我们这个星球，一会儿飞得高，一会儿飞得低，惊奇刺激。

你还需要记住一件最重要的事，那就是要把其中一个床把手拧下来放入自己的口袋里，因为当见到普赖斯小姐骑在扫帚柄上从窗外飞过的时候，你需要随身带着这个把手。她或许刚好会降落在你家的院子里。你很快就能认出她来：她在地面上骑着自行车，总是穿着灰色的夹克和裙子，她肩上搭着一条围巾，看不出来多大年纪。她长着一个尖尖长长的鼻子。你会走到她面前为她提供帮助，作为回报，她会在床把手上施一个魔法。

　　然后，你要做的就是把那个床把手在床角拧紧，同时爬上床，脑子里一个劲儿地想着自己想去的目的地——北极、非洲、查理曼帝国（中世纪西欧早期的封建帝国）、忽必烈的王宫，等等。于是，床马上会慢慢移动起来，伴随着床单的飘动和一阵阵呼啸而过的风，朝着你心中所想的地方滑翔而去……

# 《三个胖子》

[苏联] 尤里·奥列沙
1928年

　　从前有两个小孩——图蒂和索克，他们是兄妹，被人拐走了。女孩索克被卖给了一个马戏团，男孩图蒂成为了一个王子，他将会继承三个胖子的王宫。这三个胖子没有孩子。他们想让图蒂有一颗铁一般的心，变成一个对一切都极其冷漠的人，但他们没有找到一个合适的人来具体操作这件事。

　　于是，三个胖子安排图蒂整天和一个机械玩偶在一起，这个玩偶和他的妹妹索克长得一模一样。他们对这样的安排很满意，希望图蒂可以从机械玩偶身上学会冷漠，毕竟玩偶的心确实是铁做的。但是图蒂年纪还很小，他甚至不记得自己有过一个妹妹，也不记得她的名字了。

　　当时，这三个胖子的统治使得老百姓一直挨饿，尽管如此，他们还准备举办大大小小的各种宴会来迷惑老百姓。这激起了枪械师普罗斯佩罗的愤怒，在杂技演员蒂武洛的帮助下，发起了一场革命。然而革命失败了，普罗斯佩罗被关进了王宫花园里的一个铁笼子里。

在一片混乱中，一个士兵不小心刺穿了机械玩偶，图蒂对此十分伤心和绝望。后来玩偶被科学家阿尔内里带走了，为的是把它修好。第二天，阿尔内里把玩偶带了回来。这个玩偶比之前那个更加漂亮，能唱歌，能说话，还能吃东西，真是个奇迹。事实上，这已经不是之前的那个玩偶了，而是那个被送给马戏团的小女孩，她和之前的玩偶就好比两滴水珠，长得简直一模一样。她就是索克，是图蒂失散已久的妹妹，但这是一个秘密。

索克之前在马戏团就一直在扮演各种角色，这回她扮演了机器玩偶的角色。她扮演得非常好，还解救了普罗斯佩罗。多亏她，革命最终取得了成功。

# 《荷马史诗》

[希腊] 荷马

公元前8世纪—公元前7世纪

　　希腊联军已经将特洛伊城围困了 10 年之久，但是一直没能攻克下来。希腊军队里有尤利西斯（又名奥德修斯），他是最聪明的；还有阿喀琉斯，他是最勇敢的。阿喀琉斯的母亲是海洋女神忒提斯，为了让自己的儿子拥有不死之身，在儿子刚出生时就把他浸入冥河里。但她的手抓住的地方是脚踝，所以那个部位没有沾到圣水，因此也最为脆弱，但没有其他人知道这一点。因此，只要阿喀琉斯不被伤到脚踝，他就永远不会死。

　　尤利西斯想出了一个办法，这最终决定了特洛伊王国的命运。尤利西斯准备了一匹巨大的木马，让一小队希腊士兵藏在马肚子里，然后把木马当作祭祀品抛弃在沙滩上，让所有的希腊战船都离开。特洛伊人从塔楼上看到敌船都消失了，以为危险已解除，于是跑到了沙滩上。他们发现了大木马

并将其带回了城内，然后欢天喜地，庆祝胜利。当夜，当整个特洛伊城都陷入沉睡后，藏在木马肚子里的希腊士兵钻了出来，他们拿起武器，打开城门将隐藏在附近的同伴们放进了城。其他士兵则趁着夜色，坐着航行起来没有一点儿声音的战船回来。他们涌入特洛伊城，并在城里到处点火，特洛伊城淹没在火海之中。

混乱中，埃涅阿斯肩上背着父亲——国王普里阿斯的堂兄弟，手里抱着儿子逃出了特洛伊城，他的后代建立了古罗马。此后，尤利西斯在外漂泊了10年才回到自己的家乡。阿喀琉斯则因被箭射中脚踝而死。

从那时起，人们把致命的弱点称为"阿喀琉斯之踵"。这个故事是希腊一位叫荷马的盲诗人在很久很久以前创作的。他的一些诗歌流传了下来，最有代表性的是《荷马史诗》。这部作品包括两部分，其中一部分是《伊利亚特》（又叫《伊利昂记》），讲的是特洛伊城的故事；另一部分叫《奥德赛》，讲的是尤利西斯的故事。

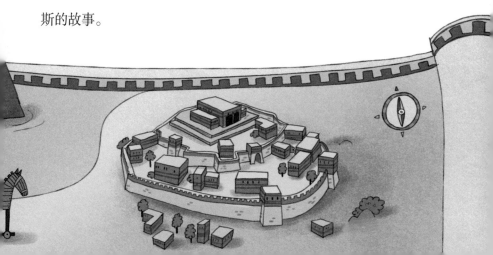

# 《红花侠》

[英国] 埃玛·奥齐

1905年

　　18 世纪后期，法国爆发了大革命[31]，国王和达官贵人们被杀死在了断头台上。这次革命使得"人权"这个概念首次得到了承认，意味着在法律面前我们所有人都是平等的。

　　人们已经受够了长达数世纪权力被滥用的恶果，都自愿协助革命人士处置那些贵族。但其实并不是所有贵族都有罪。有段时间忽然出现了一位神秘的蒙面侠，他不畏惧革命者，拯救了一个又一个无辜的贵族。人们都叫他"红花侠"，因为他每次行动后都会留下一朵红花作为标志。"人们这儿找，那儿找，但谁也找不到他到底在哪儿。就没有人能抓住这个该死的红花侠吗？"这段话没准是一个英国人说的。总之，红花侠变成了一个传奇。他戏弄卫兵，会突然现身，然后从刽子手的眼皮底下救走要被处死的人——设任何圈套对他都没用。

　　那时，法兰西第一共和国[32]曾试图招募一位著名的女演员，想让她去揭露"红花侠"的真面目，但这位女演员拒绝了。理由是她刚嫁给一位英国从男爵（地位在男爵之下，骑士之上），她已不再是法国公民了。这位从男爵叫珀西·布莱克尼，是个极为富有的年轻人。珀西看上去似乎很懒，没什么性格特点，但在他平凡的外表下，隐藏着勇气、敏锐、聪明以及对现实世界的嘲讽。那么，红花侠难道就是他吗？围绕着红花侠的冒险故事形成的一系列小说，据说都是一位女作家埃玛·奥齐创作的，这种说法后来得到了历史学家们的证实。埃玛·奥齐写这些故事的时候，住在力古里亚海岸边的小镇莱里奇，当时这个地方是很多英国籍作家避难之处。

# 《鹅妈妈的故事》

[法国] 夏尔·佩罗
1697年

以前，小孩子们的成长离大人们的生活很遥远，照看他们的保姆基本来自平民阶层，她们会讲很多与聪明的鹅和小鸡有关的故事。那时候的孩子们不像今天的小孩子那样分享着大人们的生活。17世纪，法国有一位贵族叫夏尔·佩罗，他在宫廷里工作，精通自己的母语——法语，后来他提笔为年幼的儿子写了很多童话故事。这些故事有《小红帽》《睡美人》《穿靴子的猫》《蓝胡子》《灰姑娘》《小拇指》《驴皮公主》等。

后来佩罗把这些给儿子写的故事编成一本书，然后进献给了法国国王。被称作"太阳王"的法王路易十四年幼时成了孤儿，他从这些童话故事中得到了慰藉。他对佩罗的作品连连称赞，并把这些故事都搬上了舞台，让这些故事变成了一场场奇特的舞台剧。

佩罗从来没想过自己的这本书会这么受欢迎。他给这本书取名为"鹅妈妈的故事"，因为当时小孩子们都被当成小动物一样来教育，比如小鸭子、小鸡之类的。后来，这些故事越来越受欢迎，以至于宫廷里的所有人都开始写童话故事了，尤其是女士们，她们特别愿意写，因为这样能创造出一个和自己现实生活完全不一样的人生。她们凭空编故事的能力也是一流的。

在此后的 100 年间，有 37 册名为《仙女的衣橱》的故事集面世，里面收集了很多女性写的童话故事，这些故事的创作或多或少都与马赛艺术表演节有关。而男士们呢，他们中的有些人把童话故事放到了音乐里，例如：意大利作曲家焦阿基诺·罗西尼根据《灰姑娘》创作出一部歌剧，俄罗斯作曲家柴可夫斯基想到了《睡美人》。沃尔特·迪斯尼则把很多童话故事拍成了动画片。

# 《拉维尼娅的魔法指环》

[意大利] 比安卡·皮佐诺

1985年

很久以前有一个卖火柴的小女孩。其实，曾经有两个卖火柴的小女孩。其中一个小女孩饥寒交迫，死在了遥远的丹麦。她死前一根接一根地点燃那些没有人买的火柴，但仍然是徒劳的，她的身体还是没有暖和起来。1848 年，安徒生创作了这个悲惨的故事，他是世界上最著名的童话故事作家之一。另一个小女孩叫拉维尼娅。她用自己的火柴兑换了一段非同寻常的成长经历。其实生活本身就是魔法，就看你怎么运用了。

在新年前最后的一个晚上，拉维尼娅也蜷缩在米兰大教堂花园的角落里，试图把火柴卖给行色匆匆的路人。在这风雨交加的夜晚，教堂门前突然停了一辆汽车，从车上走下来一位仙女教母，她穿着蓝色的薄纱衣，上面还绣着星星。她看到有个女孩在那儿卖火柴，作为一位规矩认真的仙女教母，她没有直接走开，而是停下了脚步，她决定做点儿什么，于是，接下来卖火柴的小女孩的命运发生了有趣的变化。

拉维尼娅被赠予了一件礼物，那是一个魔法戒指，它能把任何东西都变成大便！对于一个整天做梦都想要面包和糖果、披风和靴子、围巾和帽子的可怜女孩来说，这样一个戒指有什么用呢？拉维尼娅是个头脑机灵的孩子，她没有一气之下把戒指扔掉。聪明的拉维尼娅借助魔法指环获得了自己想要的一切，但魔法却换不来真正的朋友。一次意外让拉维尼娅把自己变成了大便，骄纵任性的她能解救自己吗？"一小时大便"的经历将会使拉维尼娅明白一个道理：真实、自然才是生活的真谛。

# 《马可·波罗游记》

[意大利] 马可·波罗

1298年

　　当马可·波罗还是个孩子的时候，他就跟随父亲和叔叔来到了中国。在中国，马可·波罗后来成为了忽必烈可汗的一名骑兵，他佩戴着一条银色的腰带，英气逼人。

　　很多年后马可·波罗回到自己威尼斯的家，居然没有人能认出他。所有人都惊呆了，他的亲戚们议论纷纷，因为他们看到了马可·波罗衣褶上缝着的宝石。但马可·波罗带回来的真正的宝贝都在他的脑子里。

　　当时的威尼斯和热那亚是两个海上共和国，两国之间爆发了战争。热那亚人打进了威尼斯城，马可·波罗被当作俘虏关进了牢狱里，在这期间他将自己在中国的所见所闻写了下来。他的这本书被后人誉为"世界奇观之书"，但在当时，这本书被起了个具有讽刺意味的名字——"100万"，意思是100万句胡说八道的话，因为人们认为书中讲的内容都是在吹牛。

　　书中描写了仙境一样的城市、一望无际的大草原，还有铺满翠玉般卵石的花园。还描述了与当地人所见完全不同的星空，这说明我们生活的地球是球形的，而不是像人们之前认为的那样是扁平的。书中还写道，那儿的人们会驯养老鹰、豹子、老虎、猞猁这样的动物，会带它们一起去森林里比赛打猎，还会放出成百上千条猎犬追捕熊、野猪和鹿。

世人对马可·波罗的质疑声一直持续了 500 多年，直到后来，有其他旅行者证实了马可·波罗书中描写的情景，他们亲眼见到了帕米尔地区 [33] 长着角的绵羊。他们还确认世界上存在野生的水牛、能分泌麝香的羚羊、仙鹤，以及和人共同生活的牦牛。此外，这些旅行者还看到，有些骑兵会在马背上一跃，将自己的身体翻转过来，就能将武器直直地刺向敌人的心脏。他们还有机会参加"布兹卡兹"大赛（阿富汗民族的一种体育竞技活动），这是一种类似于马球的比赛，马背上的人手里拿着大棒子，但他们击打的目标不是球，而是一具山羊的尸体。

如今，西方重走马可·波罗当年路线的人会发现，那个遥远的世界和马可·波罗讲述的世界确实有部分相似之处，因为历史前进的速度在不同事物上的表现是不一样的：一部分事物向着未来快速发展变化，另一部分却变化缓慢，因此保留了一些过去的痕迹。

# 《电话里的童话》

[意大利] 贾尼·罗大里

1962年

　　以前，有一个男人是个商务代理，每星期的7天里有6天在意大利各地推销药品。星期天他才回到家里，星期一一大早就又得动身。每次临行前，小女儿总要对他说："求求你了，爸爸，每天晚上都给我讲一个故事吧！"那个小姑娘晚上不听一个故事就睡不着觉，而妈妈知道的那些故事都已经给她讲过三遍了。于是，每天晚上9点整，不管在什么地方，这位推销员爸爸都会打长途电话，给小女儿讲一个故事。电话费挺贵，因此这位爸爸讲的故事大部分都很短。有时候他做了一笔大买卖，就会讲一个长一点儿的故事。

　　在这位爸爸的晚安故事里，没有仙女和王子，而是一些你完全意想不到的事情。比如，在博洛尼亚市中心的广场上，人们建造了一座冰激凌宫，孩子们从老远的地方赶来，谁都能舔上一口；有个女孩叫爱丽丝，她爱上了大海，想整天泡在海水里，后来她跳进了海里，不料却掉进了正好在打哈欠的贝壳里面；有个阿姨，很会做果酱，连石头都能做成好吃的果酱；一个旅行家，去一个陌生的国度旅行，发现那里的玫瑰没有刺、铅笔没有尖尖的笔尖，一切东西都是圆润柔和、没有棱角的，人们生活愉快，其乐融融，没有伤害……此外，还有巧克力铺成的马路，冰雹一般大、五彩缤纷的糖果雨，把整个斯德哥尔摩（瑞典首都）城都买下来的理发师、数喷嚏的小妇人、能穿越空间的电梯、太空鸡，等等。

这些童话故事的作者罗大里是一位记者，他深信现实生活中也充满精彩绝伦的故事，当然，这是对于能发现这些故事的人而言的。"现实生活可以被当成一本手册，在这本手册的基础上创作童话故事"，皮诺·博埃罗[34]在自己的书《一个故事，很多故事》中这样写道。这本书中还记载，罗大里在写完上面的童话故事后还出版了名作《幻想的文法》（1973 年），在这里面，罗大里向所有人揭示了童话写作的秘密。罗大里在全世界都很有名，他是唯一一位获得国际安徒生奖的意大利作家，这个奖项被认为是儿童文学领域的诺贝尔奖。

# 《哈利·波特》

[英国] J.K.罗琳
1997—2007年

　　曾经有一位"灰姑娘"，一场婚姻使她从一个女仆变成了一位王妃。然而如今一切都变了，女性可以凭借自己的努力获得成功，每一个女孩都能改变自己的未来，实现自己的梦想。即使没有什么王子和婚姻，也可以做到。这就是发生在 J.K. 罗琳身上的故事告诉我们的。

　　罗琳是一位工程师的女儿，她大学主修文学并且顺利毕业，之后在巴黎生活过一年，这期间教授英语。后来罗琳又去了葡萄牙，在那儿她与一名男子结婚，然后又分手了，所以她带着自己的女儿杰西卡回到了英国。

　　罗琳小时候脑海中就有一个故事，故事的主人公是个男孩，在英国上学并成长着。但是罗琳想不受约束地说出她在现实生活中看到的真实情况，她想要教会孩子们怎样鉴别好老师和坏老师……因此，她把故事发生的地方安排在了一座虚构的城堡，这里有一所魔法师学校，英勇的主角哈利·波特从一个现实中不存在的站台坐上火车，来到这里上学。在这里，魔法是很多学科中的一门，但最重要的不是学习怎样施展法术，而是在成长的过程中学会忠诚和勇敢，学会珍视友情，不歧视和自己不同的人。哈利·波特的性格或许跟很多孩子一样，有点儿小善良，又有点儿小捣蛋，他的头上还有那个邪恶的天才巫师——伏地魔留下的伤疤。

　　罗琳花了7年时间才写完了这个系列7部中的第一部。这本书出版后引起了巨大的轰动，获得了一个又一个赞誉和奖项，英国最为重要的报纸——《泰晤士报》曾将罗琳作为年度封面人物，英国女王也授予了她勋章……如今这套书畅销全世界。你们知道为什么罗琳会取得这么大的成功吗？因为她笔下的小巫师哈利·波特学会了思考哪些东西才是真正重要的：不是财富，而是家庭和友谊。这才是战胜一切的最强"魔法"。

# 《莫普拉切之虎》

[意大利] 埃米利奥·萨加里
1900年

  故事发生在1883年。一天早上，意大利维罗纳的居民起床后发现，整个城市里贴满了宣传画，上面只画着一只咆哮的老虎，没有文字，也没有其他内容。这是有马戏团来了，还是一只老虎从动物园逃出来了？人们议论纷纷，其中一位父亲对自己的女儿说："伊达，你要小心点儿，老虎专吃那些不听话的小女孩。"

  几天后，维罗纳人终于在报纸上一部连载小说的第一篇里找到了老虎。小说的名字是《马来西亚老虎》，讲了一位名叫桑多坎的印度王子的故事，他一直在抗击英国侵略者。

  当时，作者埃米利奥·萨加里在写作方面还是个新手。而且因为编辑手头没钱，萨加里的报酬只有一个蛋糕。人们都叫他"小矮子萨加里"，因为他身高只有一米五多一点儿。他的两条腿是畸形的，但是他的眼睛里闪着聪慧的光芒，他自信的笑容总是无懈可击。他和一名叫伊达的女子结了婚，生了4个孩子：法蒂玛、纳迪尔、罗梅罗以及奥马尔，孩子们的名字都来自小说。萨加里自称"船长"，虽然他上过威尼斯航海技术学院，但他缀学了，而且他只是乘坐学校的船在地中海地区游览过。他的所有旅行经历都是坐在图书馆里幻想出来的。萨加里刚开始取得一些成功后就搬家去了都灵，但他一直很想念大海。于是他和家人又去了港口城市热那亚。

萨加里一直不断地写啊写，有时候他就在一张跛腿的桌子上写起来，手里握着的只是一支装上笔尖的细杆笔，旁边放着一瓶墨水，以便随时取墨。1900年，《马来西亚老虎》终于得以出版问世，萨加里同时给它起了一个新的书名，叫《莫普拉切之虎》。萨加里一共写了约80本长篇小说，100多篇短篇小说，讲述了很多具有异域风情的故事，塑造了各种各样的人物角色，其中有《撒哈拉沙漠的强盗》《黑色海盗》《马来西亚海盗》《黑色丛林之谜》《北美西部的边境线》等。萨加里被人们称为"意大利的凡尔纳 [35]"。

# 《在父亲的法庭上》

[波兰] 伊萨克·巴舍维斯·辛格
1956年

　　以前有一个小男孩，名字叫伊萨克。他特别爱撒谎，总是说一些非常荒唐的事，但他很会讲故事，所以人们总是相信他说的。他告诉小伙伴们自己是一个国王的儿子，还说有的山洞里面全是钻石，所有人都觉得他说的是真的。其实，他的父亲只是一位拉比[36]。对于犹太人来说，拉比是人们精神世界的导师。伊萨克和父母、姐姐、两个哥哥生活在一起，住在华沙城犹太人聚居区中的一条破败的马路旁。他们家很穷，以至于连厕所都没有，必要时他们需要去院子里的公共厕所。伊萨克和他父亲一样，长着蓝色的眼睛和红色的头发。他妈妈也长着红头发，但是会戴一顶假发，因为城里结了婚的女人都是这么做的。

　　当家里其他的孩子都去上学时，只留下伊萨克，因为他太小，还不到上学的年龄。他总是假装在写着什么，其实只是在白纸上画一些黑色的记号。他和哥哥们在一起时，总是谈论一些奇闻轶事，都是关于各种魔鬼和会飞的野兽的，他们还会提一些不可能被解答的问题，比如世界是怎么开始运转的，时间什么时候走到尽头，以及很早以前都有什么东西存在，未来会出现什么东西之类。

后来伊萨克在父亲的拉比法庭（古代犹太人的一个机构，负责审判百姓）上了解了很多发生在周边的生活琐事，便把法庭上的所见所闻都记录下来，后来还集结出版，书名叫《在父亲的法庭上》。通过这本书，人们除了可以了解20世纪初东欧犹太人的生活百态，欣赏独特的东欧犹太风情，还可以感受犹太教与基督教的诸多区别，听到许多广为流传的犹太民间传说，如弥赛亚降临、36个犹太圣徒的故事、失散的10个以色列部落的故事、哈西德拉比的奇迹等，这些传说在《在父亲的法庭上》里简直俯拾皆是。伊萨克的作品叙述生动，文笔轻松幽默，作品中丰富的成语和活泼的句法受到评论界的高度赞扬。1978年，伊萨克获得了诺贝尔文学奖。

# 《海蒂》

[瑞士] 约翰娜·斯比丽
1880年

　　海蒂是一个生活在100多年前的瑞士小女孩。她是个孤儿，父亲和母亲都去世了，后来她和妈妈的妹妹——她的一个小姨，以及外祖母住在一起。再后来，小姨找了一份当佣人的工作，5岁的海蒂不得不去她脾气古怪的爷爷家里住。

　　她的爷爷一直一个人住在阿尔卑斯山脉中一座山的山顶上，从来不和任何人说话。海蒂把她所有的衣服都穿在身上，一件套在另一件上（她没有行李箱），尽管她的衣服很少，全穿在身上也够多了。海蒂一路小跑着跟在小姨身后，直到进了爷爷家里才能休息一会儿。爷爷看起来好像不是很高兴。海蒂很喜欢爷爷的家，这是一幢建在高山上的木头小房子，旁边有三棵云杉树，还有羊圈。爷爷拥有的一切——几件衬衫、一块面包和一点点奶酪都放在一个柜子里。木头小房子里只有一间屋子，里面只有一张床，但是海蒂很快整理出了另一个房间，就在一个储存草料的小阁楼里。她有稻草做的床垫、稻草做的枕头，一片帆布当作被子，房间里还有一扇窗户可以看到屋外的景色。

海蒂还有一个朋友，他是个小羊倌儿，他带着山羊们到草场吃草时来到了山的这边。这些山羊是山下那个村庄的，都被委托给了小羊倌儿照看。

你喜欢这种穿梭于草地和林间的生活吗？这儿的一切都是那么简单，周围那么宁静又那么孤寂，身边只有一个绷着脸的爷爷……后来小姨来接海蒂了，她给海蒂在城里找了一份工作。海蒂要去陪伴一个生病的小女孩，陪她一起成长，一起学习，她的家庭会像照顾她一样照顾海蒂。这似乎是一个不可错失的机会，但是海蒂会怎么选择呢？我们一起去读一读《海蒂》吧。

# 《金银岛》

[英国] 罗伯特·路易斯·史蒂文森

1883年

如果你至少有一次做梦，梦见自己在寻找金银财宝的话，这回可是个好机会，因为我们将要一起去寻找一个长久以来最负盛名的宝藏——普林特船长的宝藏。

吉姆是一个10岁大的小男孩，他的父母在黑山海湾旁经营着一家名为"本鲍上将"的旅馆。一天，一名从前的海盗船长比尔·博恩斯带着一个黑箱子，悄悄地来到吉姆家的小客店里。

吉姆很快和比尔船长熟悉了起来。他喜欢听比尔船长讲故事，讲那些听起来挺吓人的经历，比如罪犯被处以绞刑，海盗双手被绑而且蒙眼走跳板，遇上突如其来的海上大风暴，误入遍地骨骸的西班牙海盗巢穴，等等，每个故事都让吉姆又爱又怕，也让宁静的小镇增添了不少新鲜刺激的话题。

比尔船长让吉姆留神一名"独腿水手"。"独腿水手"始终没有露面，却有一个名叫"黑狗"的男人找上门来。吉姆的父亲病重去世以后，又来了一个名叫彼犹的瞎子，给了比尔船长一份"黑名单"。

一看到这份"黑名单"，比尔船长就吓死了。吉姆在整理比尔船长的遗物时无意间发现了比尔身上带着的一张藏宝图，原来那是海盗普林特船长遗留下来的。然后吉姆和一群人到金银岛寻宝的故事就展开了。

心怀不轨的海盗们乔装成一般的水手混入了这群人中，当中还包括阴森诡谲的独腿水手西尔弗。他们假装跟着吉姆和利弗希医生一起去寻宝。航海的过程充满了千辛万苦，发生了不少千奇百怪的事，不仅出现了足以让人丧命的疟疾病乱，还发生了海盗们集体叛乱的恐怖事件。吉姆深陷在扑朔迷离的寻宝险境中……

# 《霍比特人》

[英国] J.R.R.托尔金
1937年

从前在中土世界（小说中虚构的世界，里面生活着精灵和人类）里有一群小矮人——霍比特人，他们生活在英国的山区和丘陵地带。其中有一位人们闻所未闻极为温柔和善的"霍比特绅士"——比尔博·巴金斯，他总是带着灿烂的笑容。比尔博有一头卷卷的头发，没有胡子，褐色的手指十分敏捷，穿着绿色和黄色的衣服，脚上没穿鞋子。因为他根本不需要鞋子，他脚面上天生就长了一层毛，脚底长着一层皮。比尔博会带你去他家里，那是一个封闭而又舒适的洞穴，只有一扇圆形的绿色大门，门中间有一个黄铜制的拉手。如果你对他的胃口，他会邀请你参加他9月22日的生日会。比尔博要和他的侄子弗罗多一起庆祝生日。33岁的弗罗多已经成年了（对于霍比特人来说），而比尔博过完这个生日就111岁了。你不需要带礼物来，因为霍比特人过生日不收礼物，反而会制作礼物送给你。大巫师甘道夫也会来参加生日会，他特别擅长烟火魔法，在比尔博以前的所有冒险经历中，甘道夫都负责保护他，那时的比尔博还年轻。

# 《随风而来的玛丽阿姨》[37]

[英国] 帕梅拉·林登·特拉芙斯
1934年

    世界上最出色的保姆就在班克斯家的两个小孩子身边。班克斯一家住在伦敦樱桃树大街 17 号，房子很小而且很破旧。

    有一天，班克斯太太正打算为孩子们请一位保姆，门外便来了一位女士，院门刚一打开，就刮来一阵风，似乎要把她直往房子门前送。这位正是孩子们的新保姆，玛丽阿姨。她长着一头油光顺滑的黑色头发，大大的手，大大的脚，还有一双蓝色的小眼睛，样子就像一个荷兰木偶。她出门总是戴着白手套，胳肢窝里夹着鹦鹉头柄的伞。从外表上看，玛丽就是一个普通人，但其实她是个神力无边的超人：她上楼梯的时候（当没人看见她时）居然会从楼梯扶手滑上去；她的手提袋是空的，却可以取出肥皂、折叠椅等无数东西；她有一个奇妙的指南针，转动它就能带着孩子们到达世界任一个角落，一会儿置身于北极因纽特人的冰洞，一会儿又到了南方热带的棕榈沙滩……有了她，即使是整理房间、做家务、吃药这类最烦人的事情也变得像玩游戏般好玩。玛丽阿姨是天底下每一个孩子都梦想拥有的一位保姆。

# 《汤姆·索亚历险记》

[美国] 马克·吐温

1876年

　　100多年前有一个名叫汤姆的美国男孩，他小时候就失去了父母，在波莉姨妈的照料下生活，但他总让姨妈伤心失望。汤姆常常偷偷地从学校逃课，跑去河里游泳，他总是和一个在街头游荡的男孩待在一起，这个男孩叫哈克·费恩，是一个酒鬼的儿子。

　　一天，汤姆和哈克还有另一个小伙伴偷偷聚在一起，想要进行一场冒险。他们三个人藏在河中央的一个小岛上，后来又厌倦了岛上原始的生活，于是决定回家。回去后，他们发现大家都在为他们的"死去"而伤心哭泣，幸好他们及时出现在了自己的葬礼上。

　　又有一次，汤姆和哈克晚上跑到了墓地，想去试试胆量，却在那里目睹了一场谋杀：印第安人乔杀死了一个年轻的医生。之后，当另一个人被指控是杀人犯时，汤姆勇敢地站出来为他作证。乔逃走了，还威胁、恐吓汤姆。后来，学校组织了一次郊游，汤姆和一个女同学去探索一个山洞，却被困在了里面，他发现乔居然就在自己面前……

汤姆是美国版的捣蛋鬼小詹[38]，也可以说，《汤姆·索亚历险记》开启了美国本土叙事文学的先河[39]。故事发生在汉尼拔市，也就是作者马克·吐温的家乡。而作者的真名其实是塞缪尔·克莱门斯，他原来是轮船驾驶员。轮船航行时为了避免船身吃水过浅，要测量水的深度，"马克·吐温"[40]是水手们常喊出的字眼。作者在小说中描写的场景和自己童年的记忆有紧密的联系，这也是人们了解早期美国社会的一扇窗户。但马克·吐温的代表作是后来创作的关于哈克·费恩的故事，这个小男孩和一个逃亡的奴隶一起逃跑，他们撑着木筏在河上行驶，想要寻找新的生活……

# 《捣蛋鬼日记》

[意大利] 万巴

1912年

  从前，佛罗伦萨有个叫詹尼诺·斯托帕尼的小男孩，1905年9月12日他就满9岁了。他收到的生日礼物有一杆打靶枪（爸爸送的）、一件方格纹的衣服（姐姐阿达送的）、一支钓鱼竿（维尔吉尼娅送的）、一个装着文具的盒子（路易莎送的），还有一个日记本（妈妈送的）。这是最让他满意的一件礼物，那段时间他一直在这个日记本上倾诉自己的想法和烦恼：他觉得自己是大人们的受害者。而在大人们眼里，詹尼诺是个名副其实的灾难人物，因此他们给他起了一个外号叫"捣蛋鬼小詹"。他都干了哪些坏事呢？

  在姐姐举行婚礼时，他把一个放礼花用的烛台系在了姐姐未婚夫的燕尾服后尾处；他用鱼竿把熟睡中张着嘴的韦南齐奥先生那唯一的一颗牙给弄掉了；他为了变魔术，把他爸爸一位朋友的表放进研钵中碾碎，他的魔术没有成功，表却完全碎了；没过多久，他又用玩具打靶枪把一位律师的眼睛弄瞎了。他在日记里写的一些东西甚至毁了这位律师的职业生涯。

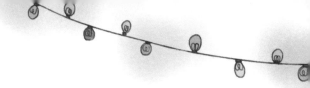

　　这本日记的作者就是路易吉·贝尔泰利（万巴的真名），他为小孩子们编写《星期天周刊》，而捣蛋鬼小詹的故事在出版成书之前，就是在这本周刊上连载的。意大利最著名的儿童书店就是以"捣蛋鬼小詹"的名字命名的，那就是詹尼诺·斯托帕尼书店。

# 《从地球到月球》

[法国] 儒勒·凡尔纳
1865年

1969 年 7 月 16 日，人类第一艘载人登月飞船在肯尼迪角[41]成功发射。但是在这年的 100 多年前，另一艘登月飞船已经发射成功了，那艘在儒勒·凡尔纳的一本小说里飞行的飞船和 1969 年发射的飞船有着惊人的相似之处。

《从地球到月球》是凡尔纳出版的《非凡之旅》系列小说中的一本。正如书名所说，小说讲述的是一段长达 97 小时 20 分钟的从地球到月球的旅程。凡尔纳小说里的宇宙飞船是一个由加农炮发射的航天炮弹，它不是当时人们想象中的那种球体，而是具有火箭的形状，就像 100 多年后要完成航天任务的"阿波罗 11 号"一样。

为了发射飞船，凡尔纳选择了美国佛罗里达州的一个地方，离卡纳维拉尔角不远，那儿如今矗立着一座航天站。在小说中，为了跟踪观测飞船的飞行轨迹，人们还在美国帕洛玛山附近安装了一个巨大的望远镜。如今那个地方真的有一台望远镜装置。令人惊讶的还没完呢，凡尔纳小说中的宇宙飞船载了 3 个人，"阿波罗 11 号"任务也是载 3 个人。执行"阿波罗 11 号"航天任务的登月舱叫"哥伦比亚号",而凡尔纳书中的大炮及其发射的炮弹船舱也叫"哥伦比亚"。现实中,3 位宇航员返回地球时乘坐的胶囊密封舱落在了印度洋,随后被打捞上岸,而在凡尔纳的小说中,宇航员们是落在太平洋,返回地球的方式与现实中的几乎一致。

很多人说这一切都是一种超乎寻常的力量造成的。其实要解释这一切可简单了,凡尔纳阅读过很多已发表的科学论文,他有一位表兄是数学家,帮他做了很多研究;凡尔纳只是将自己的小说建立在了严谨的基础调查之上。大部分的科幻小说是这样写成的。有时科学家们自己也会写科幻小说,他们在幻想的世界中构造着那些现实中还没能成功研究出来的事物。

# 《宾虚》[42]

[美国] 刘易斯·华莱士
1880年

很久以前，罗马帝国在第二任皇帝提比略的统治下，占领了耶路撒冷[43]，设立了犹太行省朱迪亚，我们这个故事要讲的一对朋友就生活在那儿。他们中的一个叫宾虚，是个年轻的犹太贵族。另一个是罗马人梅萨拉，他父亲是替罗马帝国效力的收税官。无论是不同的出身，还是他们各自的同胞之间的冲突，似乎都没有损害两人之间的友谊。后来，宾虚的父亲去世了，梅萨拉回到了罗马。

当梅萨拉跟随罗马派出的行政长官再次回到朱迪亚时，他的朋友宾虚被指控试图杀害罗马人派来的总督。梅萨拉却没有任何想要救宾虚的意思，因为他正雄心勃勃想要干一番事业。其实这件事仅仅是一个意外，一块瓦片掉到了总督头上，而宾虚只是恰好把头探出阳台，想要看看经过的士兵而已。但是宾虚却被逮捕了，而且没经过审判就被流放了。他成了一名奴隶，终生都要在一艘叫作"两桅帆桨战船"的罗马战船上当划桨手。宾虚顾不上自己母亲和妹妹的命运如何，他一边在船上划桨一边准备复仇。

　　一天，宾虚父亲曾经的朋友登上了宾虚所在的战船，这位朋友是个罗马人，名叫昆托·阿里奥，他正指挥船舰在海上抗击海盗。阿里奥解除了宾虚身上的枷锁。从此，宾虚成了船上唯一一个不用带着锁链划桨的奴隶。也正因为如此，当船在海上沉没时，宾虚成功活了下来，不仅如此，他还救了昆托·阿里奥的性命。等阿里奥回到罗马后，他便收养宾虚为义子，给了他自由身。

　　宾虚拥有了罗马贵族的身份，他回到朱迪亚寻找自己母亲和妹妹的下落。在找到家人之前，一连串的事情将会接踵而至。

# 《隐身人》 [44]

[英国] H.G.威尔斯

1897年

如果你曾经想过要变成隐身人，那么这个故事正是为你而写的。如果你是隐身人，你就能在课上到一半时泰然自若地离开学校，就能免费进电影院看电影，就能偷走1千克巧克力糖、一行李箱的玩具，还能把你最讨厌的人绊倒。但要注意了，任何事情都有它的两面性。在生活中不会被别人看见也不是一件让人愉快的事。因为光不被看见是不够的，你还不能被听见，不能被闻见，不能被摸到。而且照镜子的时候，什么也看不见也不是一件好事，就好像你不存在似的。

但是呢，如果你确实特别想变成隐身人，我也可以告诉你守护着隐身秘密的那些书籍都被藏在哪里。这些书在一个叫托马斯·马弗尔的人手中。马弗尔又矮又壮，长着一个大鼻子，脸上还有红斑，在英国的斯托港附近经营一间旅馆。要找到这间旅馆很容易，因为旅馆的名字就叫"隐身人旅馆"。旅馆招牌上的图像很显眼，是一顶帽子和一双靴子，帽子和靴子里面都是空荡荡的。

马弗尔真的认识这样一个透明人，这个人脱了衣服就会消失，穿着衣服又会重新出现，因为他隐身的能力不能覆盖衣服。这个人以前是科莱杰大学的教授，他按照书上的隐身药水配方成功把自己变成了隐身人。后来，他后悔了，希望自己能变回正常人。可是他把记载着药水解药配方的书弄丢了，找回这些书他才可以制造出解药。马弗尔帮助这个人找回了这些书，然后把书偷走了。但对马弗尔来说，这些书没什么用，因为马弗尔没上过学，他什么也看不懂。因此，如果你想要开创一番事业，你就好好准备吧，你要学物理、生物、化学，还有其他知识，否则你会陷入麻烦的。

注释:

[1] 圭多:佛罗伦萨诗人,对好友但丁影响很大。

[2] 拉波:佛罗伦萨诗人,但丁好友。

[3] 柔美新诗体:13世纪末和14世纪初意大利的诗歌流派。其特点是把爱情精神化,形式上追求繁丽词藻、优美韵律和非凡笔调。代表人物有佛罗伦萨诗人圭多。

[4]《海的女儿》是安徒生童话中最动人的篇章,具有浓郁的诗情画意。作者在塑造人物形象的同时向我们展示了一个色彩斑斓的海底世界。

[5]《我,机器人》:科幻小说短篇集,收录了9篇短篇小说。书中的短篇故事各自独立,却拥有共同的主题,探讨人类与机器人间的道德问题。

[6]《一千零一夜》在我国有一个独特的称呼——《天方夜谭》。明朝以后称阿拉伯国家为"天方国",阿拉伯人喜欢在夜间举行晚会,书中的故事又都是在晚间讲述的,所以就翻译成这个书名。"夜谭"就是"夜谈"的意思。

[7] 哈里发:伊斯兰国家政教合一的领袖称号。

[8]《小爵爷》:伯内特夫人的经典名作,畅销将近一个世纪,多次被拍成电影。她的代表作有《小爵爷》《小公主》《秘密花园》。

[9]《木偶奇遇记》是一部具有教育意义的现代童话故事。书中讲述的是匹诺曹由淘气的木偶变为真正的好孩子的故事,让读者从中也得到了深深的启示。

[10]《永远讲不完的故事》已被译成43种语言,全球销量达2000万册。荣获13项国际国内文学大奖。

[11] 在《柳林风声》中,作者用温暖细腻的笔触和奇幻丰富的想象力,描绘了诗意的大自然和友爱的小生灵,被誉为英国散文体作品的典范。

[12] 加冕:指把皇冠加在君主头上,是君主即位时所举行的仪式。

[13]《姆咪谷的夏天》《姆咪谷的冬天》向读者展示了一个充满真诚、善良和美丽的新奇世界。作者笔下的这些故事现在已拍成了卡通片在

世界各地上映。作者扬松于 1966 年荣获国际安徒生奖。

[14]《埃米尔擒贼记》：早期以少年侦探为特色的作品之一，情节紧张刺激。

[15] 勃兰登堡门：位于德国首都柏林的标志性建筑，建于 1788—1791 年。

[16] 乌代浦王宫：一个宫殿建筑群，位于印度拉贾斯坦邦乌代浦，1553 年开始建造，过程长达 400 年。

[17]《小国王：马特一世执政记》是孩子进入成人世界前应该遇见的一本书。它享有同《爱丽丝漫游奇境》和《彼得·潘》一样的盛誉，已被译成 20 多种语言。

[18] 集中营：类似监狱的大型关押设施，被关押的人往往没有经过正常公正的法律判决而遭拘留，而且没有确定的拘留期限。

[19]《尼尔斯骑鹅旅行记》蕴含着大量的地理知识，同时也穿插了不少美丽的神话和传说，创造出虚实结合的童话环境。

[20] 托尔金（1892—1973 年）：英国作家、诗人、语言学家，创作了经典古典奇幻作品《霍比特人》《指环王》等。

[21]《长袜子皮皮》：林格伦的代表作。作者笔下的皮皮敢作敢为、敢于幻想，代表了天性自然发展的儿童形象。

[22] 斯威士人：非洲南部的一个民族，生活在斯威士兰、南非以及莫桑比克南部，说斯威士语。

[23] 布须曼人：也称为桑人、萨恩人或巴萨尔瓦人，是生活在南非、博茨瓦纳、纳米比亚与安哥拉地区的一个以狩猎采集为生的原住民族。

[24] 楠塔基特：美国东北部马萨诸塞州南部的一个岛屿。

[25] 科德角：美国东北部马萨诸塞州深入大西洋的一个半岛。

[26] 峡湾：由冰川侵蚀河谷形成的地形，在寒带较为常见，比如在北欧国家丹麦和挪威。

[27]《小熊维尼》文字优美，字里行间充满了睿智和幽默，成功地为孩子们构筑了一个由玩具们组成的童话世界。

[28]《帕尔街的男孩》是莫尔纳·费伦茨的小说代表作。莫尔纳·费伦茨是 20 世纪最知名的匈牙利作家。

[29]《飞天万能床和扫帚柄》其实是《神奇的床捏手》与《篝火与扫帚柄》的合集。玛丽·诺顿是英国儿童文坛的主要作家之一，她还有一部广为世人所知的作品是《借东西的地下小人》。

[30] 贝法娜：在意大利民间传说中是一位年迈的老妇人，在主显节前夕会给全意大利的孩子送礼物。

[31] 法国大革命（1789—1799 年）：法国的一段社会激进与政治动荡时期，对法国政治以及全欧洲都产生了深刻广泛的影响。

[32] 法兰西第一共和国：法国历史学家对 1792 年 9 月到 1804 年 5 月之间的多个共和政体的统称。

[33] 帕米尔地区：帕米尔高原，位于中国新疆西南部。

[34] 皮诺·博埃罗（1949 年—）：意大利热那亚大学教育科学系教授。

[35] 凡尔纳：法国小说家、剧作家、诗人，现代科幻小说的重要开创者之一。

[36] 拉比：犹太人的特别阶层，主要为有学问的学者，是老师，也是智者的象征。

[37]《随风而来的玛丽阿姨》：英国国宝级儿童文学作家特拉芙斯的经典之作。玛丽阿姨是欧美国家家喻户晓的人物形象。

[38] 捣蛋鬼小詹:《捣蛋鬼日记》小说中的主人公，是个 9 岁的男孩。他调皮好动，一刻也安静不下来，所以外号叫"捣蛋鬼"。这部小说出版于 1912 年，在意大利读者中很受欢迎。

[39] 自马克·吐温塑造汤姆·索亚等人物开始，美国的小说更加本土化，摆脱了欧洲文学的束缚，具有现实主义特色。

[40]"马克·吐温"在英文中的字面意思是"水深 12 英尺"。

[41] 肯尼迪角:1963—1973 年称为肯尼迪角，现改名为卡纳维拉尔角，位于美国佛罗里达州，美国的航天飞机都是在这里发射的。

[42]《宾虚》是一个基督徒的人生传奇和悟道历程，也是一个催人泪下的同命运抗争的故事。

[43] 耶路撒冷：世界闻名古城，犹太教、基督教和伊斯兰教的圣城。

[44]《隐身人》是"科幻界的莎士比亚"威尔斯关于科学发展与人性

自控的具有划时代意义的传奇作品，开创了"隐形"题材科幻小说的先河。

# 看动画，学知识
# 一起探索奇妙世界

扫描本书二维码，获取正版资源

## 智能阅读向导为您严选以下免费或付费增值服务

- 免费广播剧　好故事随身听，带你在知识的海洋里遨游
- 自然大百科　趣味科普动画，为你打开探索世界的大门
- 成语故事集　趣味解说成语，帮你积累丰富语文词汇量
- 德育动画片　历史人物故事，跟着古人学习处世的哲学

☆ 闯关小测试：检验你对知识的掌握情况
☆ 读书记录册：养成阅读记录的良好习惯
☆ 趣味冷知识：带你认识世界的奇妙多彩

扫码添加智能阅读向导

### 操作步骤指南

① 微信扫描下方二维码，选取所需资源。
② 如需重复使用，可再次扫码或将其添加到微信"🎁收藏"。